难选铜铅锌硫化矿
电位调控优先浮选工艺

罗仙平　程琍琍　著

北　京
冶　金　工　业　出　版　社
2017

内 容 提 要

浮选电化学是现代硫化矿浮选研究的主要方向之一，铜铅锌硫化矿是浮选电化学研究的重要内容。本书以四川会理锌矿、新疆鄯善县众和矿业公司等的几种典型复杂难选铜铅锌硫化矿石为研究对象，利用电化学原理与实验方法对黄铜矿、方铅矿、闪锌矿及黄铁矿等硫化矿的表面氧化行为、电化学浮选行为及机理进行了研究，探索了新型选铜酯类捕收剂 LP-01 与几种硫化矿物的作用机理，设计了复杂难选铜铅锌矿石电位调控优先浮选新工艺，并进行了小型试验，在小型试验的基础上成功地把电位调控浮选技术应用于生产实践，取得了较好的选别指标。这些内容旨在为复杂难选铜铅锌硫化矿石的浮选分离问题的解决提供技术思路。

本书可供高等学校、科研院所的相关研究人员，高等学校矿物加工工程、冶金工程等专业高年级学生及研究生，矿业企业的工程技术人员等参考阅读。

图书在版编目 (CIP) 数据

难选铜铅锌硫化矿电位调控优先浮选工艺/罗仙平，
程琍琍著. —北京：冶金工业出版社，2017.4
ISBN 978-7-5024-7487-4

Ⅰ.①难… Ⅱ.①罗… ②程… Ⅲ.①硫化矿物—浮游选矿 Ⅳ.①TD923 ②TD952

中国版本图书馆 CIP 数据核字（2017）第 061547 号

出 版 人 谭学余
地　　址　北京市东城区嵩祝院北巷 39 号　邮编　100009　电话　(010)64027926
网　　址　www.cnmip.com.cn　电子信箱　yjcbs@ cnmip.com.cn
责任编辑　徐银河　美术编辑　彭子赫　版式设计　孙跃红
责任校对　卿文春　责任印制　李玉山
ISBN 978-7-5024-7487-4
冶金工业出版社出版发行；各地新华书店经销；固安华明印业有限公司印刷
2017 年 4 月第 1 版，2017 年 4 月第 1 次印刷
148mm×210mm；6.375 印张；152 千字；189 页
48.00 元
冶金工业出版社　投稿电话　(010)64027932　投稿信箱　tougao@cnmip.com.cn
冶金工业出版社营销中心　电话　(010)64044283　传真　(010)64027893
冶金书店　地址　北京市东四西大街46号(100010)　电话　(010)65289081(兼传真)
冶金工业出版社天猫旗舰店　yjgycbs.tmall.com
（本书如有印装质量问题，本社营销中心负责退换）

前　言

　　浮选电化学是现代硫化矿浮选研究的主要方向之一，铜铅锌硫化矿是浮选电化学研究的重要内容。随着矿产资源日趋贫、细、杂，选别作业难度也日益加大，而随国民经济的快速发展，对高品质的矿产原料及有色金属的需求量却不断增加。如何缓解这一矛盾，实现复杂矿产资源的综合利用，保证国民经济的可持续发展，已成为当代浮选科技的重大问题之一。正在研究和发展中的电位调控浮选新技术，具有选择性好、药剂耗量低的优点，是21世纪矿物加工领域的重要发展方向。

　　浮选电化学经过近50年的发展，已经初步形成了一套较完善的硫化矿浮选电化学理论，以此为基础形成的电位调控浮选技术在矿山应用上也取得了可喜的成绩。1996年以来以王淀佐院士为首的学术梯队成功地将高碱原生电位调控浮选工艺应用于矿山生产，实现了硫化矿电位调控浮选的工业化，该工艺在全国十几家铅锌矿山得到推广，取得了巨大的经济效益和社会效益，为硫化矿的高质量选矿提供了新的思路。

　　我国是铜铅锌消费大国，同时也是铜铅锌冶炼大国，但我国的铜铅锌资源却十分紧缺。由于铜铅分离、铜锌分离的难度较大，对于这些铜、铅、锌共生或伴生的多金属硫化矿，多数矿山要么只分选出单一的铜精矿，要么分选出铅精矿与锌精矿，要么因选矿难度大而未有效开发，只有少数矿山进行了铜铅锌的分选，这使得此类资源的整体综合利用率不高。尽管高碱原生电位调控浮选工艺应用成熟，但单靠石灰调浆的高碱电位调控浮选工艺难以有效分离铜铅锌矿物。要将电位调控浮选工艺真正应用于难选铜铅锌矿石的生产实践，还有相当多的工作要做。

本书本着将电位调控浮选工艺应用于铜铅锌硫化矿的生产实践，首先根据硫化矿浮选电化学理论，从热力学分析、电化学分析测试具体研究了几种常见铜铅锌铁硫化矿有无捕收剂条件下的电化学行为。通过热力学计算，绘制了黄铜矿、闪锌矿、方铅矿及黄铁矿在有无捕收剂体系中的 E_h-pH 图，确定了表面氧化产物 S 为硫化矿物无捕收剂浮选的疏水物质，随着 pH 值升高、电位 E_h 增加，其表面氧化产物由疏水产物 S 向亲水 $S_2O_3^{2-}$、金属氢氧化物等转换，可浮性降低；阐明了丁黄药和黄铜矿及黄铁矿表面作用的疏水产物是 X_2；丁铵黑药在方铅矿表面作用的疏水产物主要为 $Pb(DTP)_2$；经 $CuSO_4$ 活化后的闪锌矿与丁黄药作用，其中表面的疏水产物主要为 CuBX 和 $Cu(BX)_2$；通过循环伏安测试发现，在黄铜矿优先浮选过程中，新型酯类选铜捕收剂 LP-01 比丁黄药表现出了更好的捕收能力，LP-01 在黄铜矿表面为一个单电子的反应，其产物为 Cu(LP-

01）的结合物，探索出了黄铜矿与其电位 E_h、pH 值及捕收剂浓度的最佳匹配关系；利用控制电位暂态方法对电极的氧化进行了研究，得出了几种硫化矿电极在有无捕收剂体系下的氧化动力学方程，LP-01 对黄铜矿的作用要远远强于黄铁矿，形成的产物分子层厚度要更厚。并且，从强碱性条件下方铅矿表面产物 Pb（DTP）$_2$ 吸附的分子层厚度可以看出，增大丁铵黑药的浓度可以加强对方铅矿的捕收能力；通过 Tafel 测试，探索了药剂浓度变化及 pH 值对硫化矿电化学浮选的影响。同时本书还对黄铜矿、方铅矿、闪锌矿及黄铁矿四种矿物的浮选行为进行了研究，得出了不同矿浆电位 E_h、矿浆 pH 值、捕收剂浓度 c 条件下的浮选行为曲线，由此说明，对于硫化矿物的浮选，E_h、pH 值、c 是三个基本参数，E_h、pH 值、c 参数的耦合，是硫化矿物浮选的关键，并且硫化矿物的浮选有不同的 E_h、pH 值、c 区间。据此，进行了复杂铜铅锌硫化矿电位调控优先浮选工艺设计，在小型试验的基础上成功地把电位调控选技术及新型选铜药剂 LP-01 应用于新疆鄯善县众和矿业公司、四川会理锌矿、四川里伍铜业有限公司等单位，结果表明，新工艺获得了成功，铜、铅、锌精矿品位和回收率得到大幅提高，药剂成本明显降低。该工艺已经为多个难选铜铅锌矿山带来了显著的经济效益和社会效益。当然，本书所介绍的一些阶段性的研究结果还有待进一步的完善与提高。

　　本书是作者多年科研成果的汇总，研究内容先后得到了国家青年科学基金（项目编号50704018）、科技部科研院所技术开发研究专项（NCSTE-2007-JKZX-069）、国家重大产业技术开发专项（发改办高技［2007］3194号）、江西省科技支撑计划（20111BBE50015）、江西省自然科学基金（项目编号0450068、2007GQC0643）、江西省教育厅科技重点计划项目（GJJ08267）、江西省青年科学家（井冈之星）培养计划（2007DQ00400）、青海省企业研究转化与产业化专项（2016-GX-C9）、青海省重点实验室发展专项（2014-Z-Y10）与青海省"高端创新人才千人计划"等项目的资助，同时还得到了四川会理锌矿有限责任公司、内蒙古东升庙矿业有限责任公司、南京银茂铅锌矿业有限公司、江西铜业集团公司、四川里伍铜业股份有限公司、新疆鄯善县众和矿业有限责任公司、安徽铜陵化工集团、西部矿业集团有限公司等单位的大力支持。江西省矿业工程重点实验室、江西省矿冶环境污染控制重点实验室、青海省高原矿物加工工程与综合利用重点实验室、青海省有色矿产资源工程技术研究中心、江西理工大学和北京科技大学矿物加工学科相关老师与科技人员对本书的完成给予了很大的帮助，研究工作还得到了作者的导师前中国工程院常务副院长王淀佐院士的悉心指导，以及北京科技大学孙体昌教授、加拿大阿尔伯塔大学（University of Alberta）徐政和院士、武汉工程大学池汝安教授等的帮助，团队的几位研究生何丽萍、周跃、付丹、王笑蕾、张建超、杜显彦、王虎、翁存建、王金庆等为本书实验开展作出了重要贡献。四川会理锌矿有限公司、新疆鄯善县众和矿业公司、内蒙古东升庙矿业有限责任公司等为现场工业实验研究和新工艺的产业化提供了大力帮助，这些单位领导、工程技术人员与工人都付出了辛勤劳动！在此一并表示衷心的感谢！

　　由于水平和时间有限，书中不妥之处恳请读者批评指正！

作　者

2017 年 1 月

目　　录

第1章 绪　　论

1.1　难选铜铅锌矿石清洁选矿技术的需求与新挑战

1.1.1　难选铜铅锌矿石清洁选矿新技术的需求

我国是铜铅锌消费大国，同时也是铜铅锌冶炼大国，但我国的铜铅锌资源却十分紧缺。目前国内已探明的许多硫化铜资源中往往伴生有一些铅锌，如四川里伍铜矿、江西武山铜矿；而铅锌硫化矿中往往伴生有一定的铜，如四川会理锌矿、江西于都银坑矿区铅锌矿；也有部分资源直接呈铜铅锌多金属硫化矿形式，如四川省白玉县呷村铜铅锌多金属矿、四川省白玉县嘎依穷铜铅锌多金属矿、四川省汉源洪雅等地铜铅锌多金属硫化矿、江西银山矿等。

由于铜铅分离、铜锌分离的难度较大，对于这些铜、铅、锌共生或伴生的多金属硫化矿，多数矿山要么只分选出单一的铜精矿（如江西武山铜矿产出的铜精矿含铜23%左右、含铅2%以上、含锌4.5%以上），要么分选出铅精矿与锌精矿（如四川会理锌矿、江西银山铅锌矿等，产出的铅精矿含铜4%~20%），要么因选矿难度大而未有效开发，只有少数矿山进行了铜、铅、锌的分选。即使如此，已进行铜、铅、锌分选的选矿厂多采用铜铅混浮—铜铅分离—再浮锌工艺与铜—铅—锌优先浮选工艺，由于硫化铜矿物与硫化铅矿物可浮性相近，而硫化锌矿物可浮性较差，一般在处理铜铅锌多金属硫化矿时，常将铜铅选为混合精矿，然后再进行铜铅分离，最后浮锌。这样尽管可获得单一的铜精矿，但在铜-铅分离时要采用对环境不友好的重铬酸钾等抑制铅矿物，同时铜铅分离效果较差，所获得的铜精矿铅、锌含量高，也会影响铅、锌的回收率；而传统的铜—铅—锌优先浮选工艺，多采用黄原酸盐作铜矿物捕收剂，难以将铜矿物与铅锌矿物有效分离，会影响到铅、锌主金属的回收率，同时铜精矿的质量也不高，这使得此类资源的整体综合利用率不高。随着我国铜铅锌资源形式的日益恶化，加强对此类资源的选矿技术研究具有重要意义和实际应用价值。

根据国家统计局数据显示，我国是世界最大的铜消费国，而铜的储量和基础储量分别仅占世界总量的 5.53% 和 6.67%，对于铜精矿的需求量只能依靠大量进口满足。2003~2014 年，我国铜精矿进口量从 266.7 万吨增加到 1182 万吨，而 2015 年我国铜矿砂及其精矿进口量达 1329 万吨（见图 1-1）。

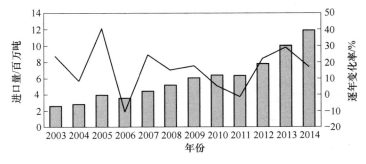

图 1-1　2003~2014 年我国铜精矿进口量及逐年变化率

我国铅锌矿资源储量丰富，铅锌矿市场发展较为平稳。但铅锌工业多年来的快速发展，也给生态环境造成了一定的影响和破坏，严防重金属污染已成为铅锌行业不可逾越的红线。铅锌行业协会表示，对于该行业的前景方面，未来要注重节能减排与环境保护，对于选冶行业尤其要提倡清洁生产。

国家非常重视和扶持有色金属资源开发，尤其对低品位难分选的资源开发利用和多金属矿的清洁生产将加大支持力度。目前从铜铅锌多金属硫化矿的选矿技术发展情况看，电位调控浮选技术将是最有竞争力的选矿技术，在《有色金属工业中长期科技发展规划（2006—2020 年）》重点项目第 5 条"复杂矿物选别与富集技术"中，就将"电位调控浮选技术"列为重点发展的技术之一。

1.1.2 铜铅锌硫化矿浮选工艺研究现状

铜铅锌是用途非常广泛的金属。铜被广泛地应用于电气、轻工、机械制造、建筑工业、国防工业等领域，在我国有色金属材料的消费中仅次于铝；铅主要用于蓄电池、氧化铝、电缆包层及铅材等；锌主要用于镀锌、锌合金、黄铜及氧化锌的制备等。随着科学技术的不断进步，铜铅锌的需求量不断上升。铜铅锌的矿石类型有硫化矿、氧化矿和混合矿，其中以铜铅锌硫化矿具有重要开发意义。

1.1.2.1 捕收剂研究现状

铜铅锌多金属硫化矿浮选分离较常用的捕收剂主要有黄药、黑药、硫氮类药剂。黄药的学名为黄原酸，其通式见式（1-1）。式中，Me 一般为 Na、K，有时为 NH_4；R 为含碳 2～5 的烷基、环烷基、烷基芳基、烷胺基等。黄药的应用最为广泛，几乎对所有的硫化矿物均具有较强的捕收作用，生产中常用的是乙黄药和丁黄药。一般而言黄药碳链越长，捕收能力越强，但选择性越差。黄药的化学性质不稳定，在酸性环境中或遇热易分解，且易吸水潮解，一般只适用于碱性矿浆，其在铜铅锌多金属硫化矿浮选分离中多用于铜、锌、硫的捕收。

$$RO-\overset{\overset{\displaystyle S}{\|}}{C}-SMe \qquad (1\text{-}1)$$

黑药的学名为二烃基二硫代磷酸盐，其通式见式（1-2）。式中，Me 一般为 Na 或 NH_4；R 为芳基时为酚黑药，R 为烷基时为醇黑药。黑药应用的广泛性仅次于黄药，兼具有起泡性，捕收能力较黄药弱，但选择性优于黄药，几乎不与黄铁矿作用，且化学性质稳定，可在弱酸性矿浆中使用而不被迅速分解。我国最常用的醇黑药为丁基铵黑药，最常用的酚黑药为 25 号黑药，即二硫代磷酸甲酚酯，酚黑药毒性大，须慎用。黑药在铜铅锌多金属硫化矿浮选分离中多用作铜铅混合浮选或铅浮选时的捕收剂。

$$\underset{RO}{\overset{RO}{\diagdown}}\overset{\overset{\displaystyle S}{\|}}{\underset{P}{}}\overset{}{\diagup}SMe \qquad (1\text{-}2)$$

硫氮的学名为二硫代氨基甲酸盐，其通式见式（1-3）。式中，Me 一般为 Na；R 和 R′ 一般为两个相同的烷基，但也可以是芳基、杂环基、脂环基等，还可以是氢原子。硫氮的捕收能力、浮选速度、选择性均优于黄药，对黄铁矿作用弱，药剂用量亦明显少于黄药。但是，硫氮的化学性质不稳定，在弱酸性矿浆中也会迅速分解，因此只适用于碱性矿浆。我国最常用的硫氮为 N，N-二乙基二硫代氨基甲酸钠，即乙硫氮，又称 SN-9#，其在铜铅锌多金属硫化矿浮选分离中多用作铜铅混合浮选或铅浮选时的捕收剂。

$$\underset{R'}{\overset{R}{\diagdown}}\underset{N}{}-\overset{\overset{\displaystyle S}{\|}}{C}-SMe \qquad (1\text{-}3)$$

经长期的生产实践发现，以上常规药剂在铜铅锌多金属硫化矿浮选分离中还具有较大的局限性，如选择性差，对环境污染较大，伴生稀、贵金属回收率较低等，这已成为限制多金属硫化矿高效利用的瓶颈。因此，国内外众多学者深入研究、开发高选择性、捕收能力强且无毒的新型硫化矿捕收剂，并已取得较丰硕的成果。近年来，以硫氨酯类为代表的新型高效捕收剂已逐渐问世。

硫氨酯为一硫代氨基甲酸酯的简称，其通式见式（1-4）。式中，R 和 R′ 均为烷基。硫氨酯类药剂常温下呈油状，微溶于水，具有较强的起泡性，选择性好，对铜、锌硫化矿的捕收能力较强，对黄铁矿的作用极弱。该类药剂化学性质稳定，在酸性矿浆中亦不易分解，且具有用量少的优点。我国最常用的硫氨酯为 O-异丙基-N-乙基硫代氨基甲酸酯，即 Z-200。硫氨酯类捕收剂在铜铅锌多金属硫化矿浮选分离中多用作铜优先浮选或铜铅分离中浮铜时的捕收剂。

$$\overset{\overset{\displaystyle S}{\parallel}}{\underset{}{R\!\!-\!\!\overset{\overset{\displaystyle H}{\mid}}{N}\!\!-\!\!C\!\!-\!\!OR'}} \qquad (1\text{-}4)$$

相比传统药剂，Z-200 的选择性虽然得到了提升，但是用量较大，捕收力仍需加强。在此基础上，江西理工大学科研团队对硫氨酯类药剂进行了改良，研制出了一种新型高效的酯类捕收剂 LP-01 及配套的起泡剂 LQ-01。目前，该药剂已经在会理锌矿、天宝山铜矿、新疆鄯善县众和矿业等多家矿山成功应用。实践表明，在碱性条件下，LP-01 对黄铜矿的捕收能力与黄药相当，用量甚至更省，选择性明显更优，且在 pH 值越偏向中性的环境中 LP-01 的选择性优势就越明显。

1.1.2.2 浮选工艺流程研究现状

在浮选未成为主流选矿方法以前，重选是硫化矿选矿的唯一方法。如四川会理锌矿在清代至民国年间的矿石采选主要是从采场采出含银的方铅矿，经人工捶碎后进行水选。选矿工人站在水深约0.6m的池中，揣装矿竹簸箕浸入水面，手摇动使矿粒随水在簸箕内旋转，银矿粒转动至簸箕周边，废石留中心和矿粒层表面，手捧弃之。经反复多次水中旋选，获得入炉冶炼的银精矿。

浮选技术的产生及成功应用，极大地改变了选矿的面貌。由于通过药剂可以调节硫化矿表面的润湿性，通过浮选可有效分离因密度差异较小而难以被重选分离的铜铅锌矿，因此浮选技术逐渐成了铜铅锌矿选矿的主流技术，尤其是对铜铅锌硫化矿。

由于硫化矿与脉石矿物的浮选分离一般比较容易，因此铜铅锌硫化矿的浮选主要解决的是硫化铅矿物与硫化锌矿物、硫化铜与硫化铅矿物，有时还有硫化铁矿物及其他目的矿物之间的分离问题。

铜铅锌多金属硫化矿浮选分离的工艺流程主要包括：全优先浮选、混合浮选和等可浮选。

全优先浮选流程根据矿物可浮性差异，依次对铜、铅、锌矿物进行浮选回收，通常适用于矿物结构简单、原矿品位较高、硫化矿物间可浮性差异较大、目的矿物嵌布粒度较粗的矿石。但随着新型高效浮选药剂的应用，该流程对于较复杂的矿石也具备了很好的适应性。

混合浮选又分为混合-优先浮选和部分混合浮选。混合—优先浮选流程先对全部硫化矿物进行混合浮选，然对再对混合精矿进行优先浮选。而部分混合浮选流程则先将可浮性相近的铜、铅矿物选到混合精矿中，然后进行铜、铅分离，混浮尾矿可进行锌、硫混浮，再锌、硫分离，或直接从混浮尾矿中依次分选出锌、硫矿物。该类流程具有节省磨矿费用、减少脆性矿物过粉碎、节省浮选机数量等优点，但由于混合精矿含过剩药剂，后续浮选易受影响。该类流程一般适用于目的矿物嵌布均匀或致密共生，或一种矿物在另一矿物中呈细粒嵌布，或品位较低的矿石。

等可浮选流程先将可浮性较好的各有用矿物一并浮选到混合精矿中，然后再对混合精矿进行分选，从混浮尾矿中回收可浮性较差的矿物。例如，首先将铜矿物和易浮的铅、锌矿物一并选出，然后再对混合精矿进行分选，可浮性较差的铅、锌矿物可从混浮尾矿中依次分选出来。该类流程充分利用目的矿物自身可浮性的差异，避免了浮选过程中的"强拉强压"，可以节省浮选药剂用量，但也存在流程长、设备多、操作复杂等缺点。

从当前铜铅锌硫化矿浮选的发展趋势来看，优先浮选更为有利。优先浮选时，磨矿后，表面新鲜的黄铁矿得到有效的抑制。倘若是混合浮选，在铜矿物、锌矿物和黄铁矿表面均吸附有捕收剂和活化剂，在分离浮选时，若很好地抑制黄铁矿，就必须除去矿物表面的捕收剂，这比在纯净黄铁矿表面受到抑制更加困难。所以优先浮选比混合浮选更有利于铜、锌和硫化铁的分离。

1.1.3 铜铅锌硫化矿浮选工艺面临的挑战

随着近几十年来对铜铅锌矿的高强度开采，国内易选的铜铅锌矿储量急剧减少，难选铜铅锌矿资源所占的比例越来越大，而同时与国际先进水平相比，我国铜、铅、锌共生或伴生的多金属硫化矿的资源综合利用水平还不是很高，主要体现在以下几个方面：

（1）入选物料细度达不到矿物单体解离的要求。作者曾经对四川会理天宝山矿区的铜铅锌矿石、南京栖霞山矿区的铜铅锌矿石、内蒙古东升庙矿区的铜铅锌矿石、安徽泾县等地的铜铅锌矿石进行过工艺矿物学研究，发现在铜铅锌多金属硫化矿中，普遍的规律是硫化铜矿物的嵌布粒度低于铅锌硫化矿的嵌布粒度，且在

-0.074mm粒级中含量多在30%左右，而国内选矿厂的磨矿细度多在-0.074mm占80%~85%的水平。在此磨矿细度条件下，一部分硫化铜矿物尚未单体解离。而国外同类选矿厂的磨矿细度要细得多，澳大利亚20世纪70年代多金属矿选矿厂精选作业的标准给矿粒度在-0.074mm占80%水平，80年代降到-0.038mm占80%的水平，到90年代降到-0.008mm占80%的水平，相应选矿回收率得到大幅提高。

（2）对"难免离子"的影响重视不够。由于矿石受到氧化，当矿石磨细后，矿粒表面溶解度增大，这使矿浆中"难免离子"进一步增加。对铜铅锌硫化矿而言，矿浆中的Cu^{2+}、Pb^{2+}等离子的存在，使硫化锌矿物极易活化，而受活化的硫化锌矿物的可浮性与硫化铜铅矿的可浮性相似，致使铜铅锌硫化矿之间彼此难以分离。

（3）浮选药剂尤其是硫化铜矿物与硫化铅矿物的捕收剂选择性不够。如国内铜铅锌多金属选矿厂采用的铜-铅-锌优先浮选工艺，多使用黄原酸盐等传统的阴离子捕收剂作铜矿物捕收剂，此类捕收剂选择性较差，在浮选硫化铜、铅矿物时，同样对硫化锌矿物（尤其是受活化的硫化锌矿物）有捕收能力。

（4）所采用的流程与矿物的可浮性尤其是与各矿物的浮选速度不匹配。目前国内浮选厂的设计，大多是根据经验或小浮沉试验结果近似确定。这些因素使得铜铅锌多金属硫化矿在分选时，分选精度不高，造成各精矿产品中含其他金属杂质严重，从而影响各精矿质量与精矿中主金属回收率。

综上所述，针对我国铜铅锌矿产资源的特点，加强对铜铅锌矿选矿的浮选基础理论研究具有重要理论意义和实际应用价值。

1.1.4 研究意义

铜铅锌硫化矿的选矿已经进入到一个新的阶段。随着矿产资源日趋贫、细、杂，选别作业难度的加大，以及国民经济的快速发展，对高品质的矿产原料及有色金属需求量的增加，实现难选资源的高效综合利用，是缓解这一矛盾的重要途径。

目前，正在研究和发展中的电位调控浮选新技术，具有选择性好、药剂耗量低的优点，是处理难选铜铅锌矿资源的重要技术创新。该技术已在广东凡口铅锌矿及四川会理锌矿等地得到工业应用，但总体上看来，硫化矿浮选电化学的研究工作大多停留在实验室，要把电位调控技术付诸工业实践，除理论上需进一步发展和完善，应用上还必须解决以下问题：（1）探索一系列选择性高，并且捕收力强的新型选矿药剂；（2）有无捕收剂条件时，研究各种矿物及其混合物在电位调控浮选下的电化学行为和浮选行为；（3）合适的电位控制方法。

因此，本书所述研究的意义在于应用电化学浮选和其他相关领域的理论，探讨复杂难选铜铅锌矿石的浮选行为及其与新型选矿药剂表面作用的机理，从理论上逐步完善和丰富硫化矿电位调控浮选新技术，用理论指导和解决难选铜铅锌矿石选矿技术在发展过程中遇到的实际问题。将电位调控技术应用于更加复杂的铜铅锌硫化矿，以优化生产流程，减少生产成本，适应日趋严格的环境保护要求，并最终提高难选铜铅锌矿石选矿的回收率和矿业企业的经济效益。

1.2 硫化矿浮选电化学理论

和一些非硫化矿相比，硫化矿除了具备一些基本的物理化学性质外，还具备两个基本特点：氧化还原特性和半导体特性。

区别于大多数非硫化矿，硫化矿与氧化剂及水中溶解的氧发生的是氧化还原反应。这是因为硫化矿中的硫一般以 -1 价或 -2 价的形式存在，极其不稳定。根据矿浆中的氧化还原氛围，-2 价或 -1 价的硫可以氧化到 0 价、$+2$ 价、$+4$ 价和 $+6$ 价。氧化产物的种类和氧化的程度显著影响了硫化矿表面性质及浮选行为。硫化矿表面产物受氧化浓度和环境的影响，而硫化矿氧化速度取决于氧的分压、反应的表面积、溶液的组成、硫化矿的种类和环境温度等因素。

大多数硫化矿都具有半导体特征，如黄铜矿、黄铁矿等。自然界中的硫化矿，由于晶格缺陷和其他金属的伴生，有些甚至具有导体的特征。通常认为，导体的 E_g 值（固体能带分布中禁带部分能量的大小）为 0；半导体的 E_g 值处于 $0 \sim 2eV$，绝缘体的 E_g 值则大于 $2eV$。显然，不同硫化矿在特定条件下与捕收剂作用的差异归因于它们的半导体特征不同。

硫化矿的浮选电化学，研究的核心是矿浆的氧化还原氛围对浮选的影响，研究发展大致经历了四个阶段。

20 世纪 30 年代以后，泡沫浮选技术被迅速推广，在实践过程中人们发现矿物氧化后难浮，而具有新鲜解理表面的硫化矿则易于浮选。Gaudin 等人认为，氧气是硫化矿与捕收剂发生化学反应的重要成分，硫化矿先被氧化成氧–硫产物，之后再与矿浆中的黄原酸根离子交换，生成表面黄原酸金属盐。

20 世纪 50 年代后，随着浮选电化学理论的深入，人们发现氧气是硫化矿浮选过程不可缺少的反应成分。1953 年 Salamy 通过电化学测试，研究了硫化矿表面浮选药剂的作用机理，并解释了硫化矿捕收剂产物的生成机理；阐明了捕收剂、硫化矿、氧气三者的作用方式。这标志着硫化矿浮选电化学研究进入了新的领域。

20世纪50~70年代后期，硫化矿浮选电化学理论得到了进一步发展，即硫化矿的天然可浮性、氧气在浮选中的作用及黄药类捕收剂的作用机理。新的电化学测试技术如旋转圆盘电极、循环伏安扫描法等用于研究矿浆的氧化还原作用。

20世纪80年代之后，开始研究矿浆电位对硫化矿可浮性的影响本质。调节矿浆电位，实现药剂浓度 c、矿浆电位 E_h 和矿浆 pH 值三个参数的耦合，电位调控浮选技术开始应用于实践。

1.2.1 浮选与电位的关系

硫化矿在矿浆中发生了一系列氧化还原反应，当这些反应达到动态平衡时所测得的平衡电位，就是通常所说的矿浆电位，也称为混合电位。改变矿浆电位，可以改变溶液中和硫化矿表面氧化还原反应氛围，从而影响整个浮选过程。

对于某种硫化矿（MeS）而言，假定发生了如下反应：

$$MeS + 2X^- \longrightarrow MeX_2 + S^0 + 2e \tag{1-5}$$

$$E_1 = E_1^\ominus - \frac{RT}{2F}\ln \left[X^- \right]^2 \tag{1-6}$$

式中，E_1 为捕收剂在硫化矿表面形成疏水性产物的热力学平衡电位；$E_1^\ominus$ 为标准电极电势；F 为法拉第常数。

式（1-5）生成了疏水的单质 S 和捕收剂金属盐，代表浮选的开始，式（1-7）则对应了硫化矿表面的氧化，生成了亲水的 $Me(OH)_2$、$S_2O_3^{2-}$，浮选开始受到抑制。

$$2MeS + 7H_2O \longrightarrow 2Me(OH)_2 + S_2O_3^{2-} + 10H^+ + 8e \tag{1-7}$$

$$E_2 = E_2^\ominus + \frac{RT}{8F}\ln\left[S_2O_3^{2-} \right] - \frac{2.303RT}{8F}pH \tag{1-8}$$

从热力学角度看来，只有当硫化矿的电极电位 E 处于 E_1 和 E_2 之间时才具有可浮性，即：

$$E_1^\ominus - \frac{RT}{2F}\ln\left[X^-\right]^2 < E < E_2^\ominus + \frac{RT}{8F}\ln\left[S_2O_3^{2-}\right] - \frac{2.303RT}{8F}pH$$

$$(1\text{-}9)$$

式（1-9）表明，在硫化矿物的浮选过程中，E_h、pH 值及捕收剂浓度 c 三个基本参数控制着硫化矿浮选的范围。

Johnson 等人通过在澳大利亚的 Mount Isa 铅锌矿厂现场测定的资料，直接证实了硫化矿浮选体系的矿浆电位与回收率、浮选速率有必然的联系。近年来，顾帼华等人对铜铅锌硫化矿的研究结果表明，实现这些矿物的电化学浮选有一定的电位范围，矿浆电位 E_h、pH 值和捕收剂浓度 c 对浮选的影响同样重要，选择一个最优化的过程，必须兼顾三者。

1.2.2　无捕收剂浮选的电化学理论

1.2.2.1　无硫化钠的无捕收剂浮选

20 世纪初，各种形式的无捕收剂浮选已经在工业上得到了应用。然而，大多数的硫化矿都不能表现出较好的天然可浮性。Woods 等人认为在特定的矿浆电位范围内硫化矿的无捕收剂自诱导浮选才能进行，高于浮选电位上限 E_u 或低于浮选电位下限 E_L，无捕收剂浮选就会受到抑制（见图 1-2）。电位下限对应于硫化矿自身氧化生成疏水产物所需电位；电位上限则对应于硫化矿进一步氧化生成亲水性 $S_xO_y^{2-}$ 的反应所需电位，即矿物自身氧化程度决定了疏水产物的生成。Guy 和 Trahar 列举了 8 种常见硫化矿的无捕收剂浮选回收率的大小（在合适的矿浆电位和 pH 值范围内），分别是：黄铜矿>方铅矿>磁黄铁矿>辉铜矿>斑铜矿>闪锌矿>黄铁矿>砷黄铁矿。前三种矿物具有较宽的无捕收剂浮选范围,后四种矿物的无捕收剂可浮性较差。辉铜矿、斑铜矿和砷黄铁矿的无捕收剂浮选特性与黄铁矿相似。将矿浆电位的因素考虑进来,根据不同矿物无捕收剂可浮性的差异,通过电化学浮选便可以实现硫化矿的无捕收剂浮选分离。某 pH 值下硫化矿无硫化钠的无捕收剂浮选与矿浆电位的关系如图 1-2 所示。

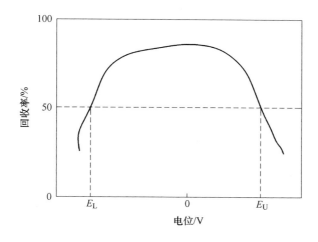

图 1-2 某 pH 值下硫化矿无硫化钠的无捕收剂浮选与矿浆电位的关系

E_L—电位下限;E_U—电位上限

1.2.2.2 硫化钠诱导的无捕收剂浮选

有硫化物(Na$_2$S 或者 Na$_2$S$_m$)存在时,HS$^-$ 和 S^{2-} 对硫化矿物进行电催化作用,使表面生成疏水性产物 S^0 而导致可浮,称为硫诱导浮选。

覃文庆等人对硫化钠诱导的无捕收剂浮选机理进行了大量研究,认为硫化钠的作用主要体现在两个方面:第一,硫化钠作为还原电位调整剂,降低了矿浆电位,抑制了某些硫化矿的无捕收剂浮选；第二，HS⁻在硫化矿表面发生电化学吸附和氧化，生成疏水性的 S^0，促进了无捕收剂浮选。其电化学反应模式是：

阳极反应：

$$HS^- \rightleftharpoons S^0 + H^+ + 2e \tag{1-10}$$

阴极反应：

$$\frac{1}{2}O_2 + H_2O + 2e \rightleftharpoons 2OH^- \tag{1-11}$$

总反应：

$$HS^- + \frac{1}{2}O_2 \rightleftharpoons S^0 + OH^- \tag{1-12}$$

量子化学计算结果表明，HS⁻在 HOMO 上的电子容易转移到黄铁矿表面的 LUMO 上，然后进一步转移给基态氧分子的 π 轨道。HS⁻在黄铁矿表面氧化成 S^0，导致黄铁矿的硫化钠诱导浮选。而方铅矿表面的 LUMO 难以接受 HS⁻ HOMO 上的电子，HS⁻的加入抑制了方铅矿无捕收剂浮选。

孙水裕等人通过循环伏安法对硫化钠在旋转圆盘电极上的氧化进行了研究，结果表明，当电极电位达到 −0.505~0.05V 时，HS⁻开始被氧化。并且 HS⁻氧化成 S^0 的过程是分步进行的，先有 HS⁻氧化成 S_x^{2-}，再氧化成 S^0。

1.2.3 捕收剂与硫化矿相互作用的电化学

在浮选过程中，当黄药等捕收剂（黑药、硫氮、酯类药剂）与硫化矿表面接触时，在适当的 pH 值和矿浆电位条件下，捕收剂在硫化矿表面阳极区域被氧化，氧气则在阴极区域被还原；硫化矿本身也可能被氧化。Allison 和 Finkelstein 等人用混合电位模型解释了捕收剂的疏水作用机理。混合电位模型指出，只有当硫化矿-捕收剂溶液的静电位大于相应捕收剂生成二聚物的可逆电位时，捕收剂才会在其表面氧化，反之则生成捕收剂金属盐。以黄药为例，具体反应机制如下。

第一类混合电位机理：

阳极氧化反应：

$$X^- \Longrightarrow X_{ads} + e \tag{1-13}$$

$$2X^- \Longrightarrow X_2 + 2e \tag{1-14}$$

阴极还原反应：

$$O_2 + 2H_2O + 4e \Longrightarrow 4OH^- \tag{1-15}$$

总电池反应：

$$2X^- + \frac{1}{2}O_2 + H_2O \Longrightarrow X_{2(吸附)} + 2OH^- \tag{1-16}$$

式中，X^- 为黄药离子；X_2 为黄药离子氧化的产物——二聚物。

第二类混合电位机理生成的疏水产物为捕收剂金属黄原酸盐：

阳极氧化反应：

第一步反应：

$$MS + H_2O \Longrightarrow MO + 2H^+ + S^0 + 2e \tag{1-17}$$

后续化学反应：

$$MO + 2X^- + H_2O \Longrightarrow MX_{2(吸附)} + 2OH^- \tag{1-18}$$

总阳极反应：

$$MS + 2X^- \Longrightarrow MX_{2(吸附)} + S^0 + 2e \tag{1-19}$$

阴极还原反应：

$$O_2 + 2H_2O + 4e \Longrightarrow 4OH^- \tag{1-20}$$

总电池反应：

$$MS + 2X^- + \frac{1}{2}O_2 + H_2O \Longrightarrow MX_{2(吸附)} + 2OH^- + S^0 \tag{1-21}$$

式中，MS 为硫化矿；MX_2 为黄原酸金属盐。

混合电位模型证实了电极电位在浮选体系中的重要作用。混合电位及静电位为矿物表面的反应特性和反应速率提供了信息，主要途径就是通过查询相关的热力学数据将测得的静电位与热力学平衡电位进行比较。表 1-1 给出了 pH 值为 6.86 时捕收剂溶液中几种硫化矿电极的静电位以及捕收剂氧化为二聚物的可逆电位。根据混合电位模型，四种硫代捕收剂和方铅矿及闪锌矿生成的产物应该是捕收剂金属盐；黄铁矿及磁黄铁矿与四种硫代捕收剂作用生成的是捕收剂的二聚物；对黄铜矿而言，与黄药类捕收剂生成的是二聚物，而与其他捕收剂生成的是金属盐的混合物。

表 1-1　几种硫化矿电极的静电位以及捕收剂氧化为二聚物的可逆电位

捕收剂	静电位(SHE)/V					可逆电位
	PbS	ZnS	$CuFeS_2$	FeS_2	$FeS_{1.13}$	(SHE)/V
乙基黄药	0.08	0.15	0.19	0.295	0.26	0.176
丁基黄药	0.04	0.09	0.11	0.30	0.245	0.107
乙硫氮	0.09	0.13	0.145	0.32	0.28	0.168
丁铵黑药	0.13	0.21	0.20	0.48	0.37	0.358

此外，近年来开发出新型酯类捕收剂，对硫化矿的电化学浮选机理的研究也较多。具有代表性的有新型硫氨酯类药剂浮选黄铜矿、Aerophine3418A 和 AERO3894 浮选黄铁矿等。中南大学化学化工学院运用 Pearson 软硬酸碱理论和分子轨道理论，开发出了新型硫化铜矿高效选择性捕收剂 T-2K、Mac-12、Mac-10，并通过红外、紫外光谱分析及动电位测试法，系统地研究了烷氧羰基硫氨酯和烷氧羰基硫脲与矿物金属离子（Cu^{2+}、Cu^+、Fe^{2+}、Fe^{3+} 和 Ag^+）的相互作用规律。结果表明，乙氧羰基硫氨酯和乙氧羰基硫脲分别通过各自 C＝S 的硫原子和 C＝O 的氧原子与亚铜离子结合形成六

圆环螯合物，并且捕收剂的加入导致了 Zeta 电位明显下降，促进了浮选的过程。而与 Fe^{2+}、Fe^{3+} 之间不存在化学作用。

1.2.4　调整剂电化学浮选理论

1.2.4.1　硫化矿浮选与抑制的电化学

根据硫化矿物与捕收剂相互作用的电化学机理和混合电位模型，硫化矿、氧气、捕收剂三者的相互作用如图 1-3 所示（曲线 O 代表阳极过程，即捕收剂离子 X^- 与矿物作用或捕收剂离子 X^- 的自身氧化；R_1 表示阴极过程，即氧气的还原）。

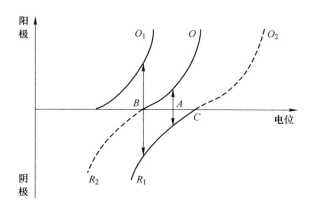

图 1-3　硫化矿浮选和抑制电化学相互作用示意图

图 1-3 中 A 处表示实际的混合电位，该体系可以通过以下途径加以调整：

（1）当提高捕收剂浓度或代之以较长烃基的捕收剂同系物时，捕收剂的氧化电流上升，曲线变成 O_1 线，此时新的混合电位对应的电流增大，浮选得以改善。

（2）当加入还原剂，如亚硫酸钠、SO_2 等降低矿浆中氧的含量时，还原电流降低，曲线 R_1 移至 R_2，混合电位也由 A 处移至 B 处。捕收剂氧化电流降为零，此时无捕收剂氧化产物生成，浮选受到抑制。

（3）若降低捕收剂浓度，则捕收剂氧化需要更高的电位，曲线由 O 移至 O_2 处，则浮选受到抑制，难以进行。

通过对硫化矿浮选电化学的详细研究，王淀佐院士提出了三种抑制方式，即捕收剂及矿物表面作用的电化学调控、矿物表面 MeX 的阳极氧化分解及矿物表面 X_2 的阴极还原解吸。石灰、氰化物、HS^- 等均可以作为硫化矿浮选的抑制剂。pH 值升高，可以加速黄铁矿、磁黄铁矿等矿物的表面氧化，使得其浮选得到抑制。对混合浮选精矿的分离，其抑制也涉及了电化学过程。凡是能去除预先吸附在硫化矿表面的疏水性捕收剂产物的药剂，都可以作为抑制剂使用。

从电化学理论出发，抑制剂可以分为两类，第一类是还原剂，在还原条件下，硫化矿表面疏水性产物还原脱附解吸，抑制矿物浮选。

$$MeX_2 + S^0 \longrightarrow MeS + 2X^- + 2e \qquad (1\text{-}22)$$

或
$$X_2 \longrightarrow 2X^- + 2e \qquad (1\text{-}23)$$

第二类是氧化剂，使得预先吸附在硫化矿物表面的捕收剂金属盐在氧化条件下解吸，反应机理见式（1-24）。

$$MeX_2 + 2H_2O \longrightarrow Me(OH)_2 + X_2 + 2H^+ + 2e \qquad (1\text{-}24)$$

Woods 等人根据矿物表面电化学过程的混合电位观点，提出矿物抑制的六种机理：

（1）强化矿物的阳极氧化，使之比捕收剂的阳极氧化更为迅速；

（2）引入一个比捕收剂氧化过程更容易进行的另一种阳极氧化反应；

（3）抑制捕收剂的阳极氧化过程；

（4）在矿物表面形成一种足以阻碍捕收剂与其接触的表面覆盖物；

（5）减少介质中溶氧的浓度；

（6）抑制氧的阴极氧化过程。

此外，以石灰为代表的高碱工艺是生产中用的最广泛的铜铅锌硫化矿浮选分离工艺。邱廷省等人通过测定 Ca^{2+} 与黄铁矿和黄铜矿表面动电位发现，当溶液中有 Ca^{2+} 存在时，黄铁矿表面会选择性吸附 Ca^{2+}，以增强黄铁矿表面的亲水能力。同时亚硫酸会使矿浆中能活化黄铁矿的 Cu^{2+} 被还原为 Cu^{+}，从而减小矿浆中 Cu^{2+} 的浓度，进而使黄铁矿表面更易形成亲水的 $Fe(OH)_3$ 薄膜，使黄铁矿受到抑制。

1.2.4.2 Cu^{2+} 活化硫化矿物的电化学

利用铜离子活化硫化矿是浮选中常用的手段。闪锌矿中有铁以类质同象混入且当铁含量超过 6% 时，称为铁闪锌矿（$(Zn_xFe_{1-x})S$）。用常规浮选工艺分离铁闪锌矿、磁黄铁矿、黄铁矿比较困难，选别指标也不够理想。对 Cu^{2+}、Pb^{2+} 活化闪锌矿的相关研究较多，这些研究基本证实了活化后的闪锌矿具有良好的浮游性能。

根据金属腐蚀混合电位模型和半导体电化学理论模型，它们可能分别对应着铁闪锌矿氧化成缺铁富硫（S^0）表层和 $Fe(OH)_3$、硫酸根离子（SO_4^{2-}）表层，其反应式为：

$$(Zn_xFe_{1-x})S \longrightarrow xZnS + (1-x)Fe^{3+} + (1-x)S^0_{2(晶格)} + (1-x)e$$

$$\text{(1-25)}$$

$$(Zn_xFe_{1-x})S + (n+m)H_2O + h^+(半导体空穴) \longrightarrow$$

$$Zn_xFe_{1-x}(OH)_nS_2(OH)_m + (n+m)H^+ \tag{1-26}$$

$$Zn_xFe_{1-x}(OH)_nS_2(OH)_m \longrightarrow (1-x)Fe(OH)_3 + xZn(OH)_2 + 2SO_4^{2-} + 12e \tag{1-27}$$

一方面，表面羟基化作用增强后，铁闪锌矿表面晶格中富硫层的稳定性变差；另一方面，Fe^{3+}的催化作用容易使S^0氧化成SO_4^{2-}。铁闪锌矿在碱性条件下将表现出活化难的特点。

对于铁闪锌矿的铜离子活化机制，Wood、Young 构建了 Cu-S-H_2O体系的 E_h-pH 图，反应式如下：

$$C_1: 2CuS + H^+ + 2e \longrightarrow Cu_2S + HS^- \tag{1-28}$$

$$C_2: Cu_2S + H^+ + 2e \longrightarrow 2Cu + HS^- \tag{1-29}$$

$$A_1: 2Cu + HS^- \longrightarrow Cu_2S + H^+ + 2e \tag{1-30}$$

$$A_2: Cu_2S + H_2O \longrightarrow CuS + CuO + 2H^+ + 2e \tag{1-31}$$

$$A_3: CuS + H_2O \longrightarrow S \cdot CuO + 2H^+ + 2e \tag{1-32}$$

$$A_4: S \cdot CuO + 4H_2O \longrightarrow CuO + SO_4^{2-} + 8H^+ + 6e \tag{1-33}$$

因此，在开路条件下 Cu^{2+} 活化铁闪锌矿，电极表面活化产物主要是 CuS。

此外，余润兰等人还研究了活化电位及 pH 值对 Cu^{2+} 活化铁闪锌矿的影响，发现 Cu^{2+} 活化铁闪锌矿的活化产物为 Cu_nS，高电位下为 CuS，而低电位下为 Cu_2S，随电位的变化，n 在 $1\sim2$ 之间变化。适当降低电位有利于改善活化效果。pH 值为 11 的石灰介质中，电位高于 +322mV 后活化将变得困难。

1.2.5 磨矿体系的电化学行为

磨矿是硫化矿浮选分离必不可少的一个过程，由于磨矿过程是暴露在空气中进行，因此或多或少会给浮选带来不利的影响。

首先，在磨矿过程中一些渗漏物和杂质容易进入到硫化矿晶格中去，导致了矿物表面特性的改变，例如电子能级和电极电位。1960年，Rey 和 Formanek 首次报道了磨矿介质对于浮选的影响。研究表明，钢球降低了闪锌矿表面的活性，促进了方铅矿和闪锌矿的选择性浮选分离。因此，磨矿能够改变硫化矿表面的电极电位，对硫化矿的浮选产生了影响。

磨矿对于硫化矿浮选的另一个重要影响就是钢球、不同矿物和空气之间的伽伐尼电偶，由于三者之间静电位的差异，导致了氧化还原反应的发生，形成了伽伐尼电池。具有较高静电位的物质发生阴极钝化，具有较低静电位的物质则发生阳极氧化，氧在其表面还原。Nakazava 和 Iwasaki 等人研究了磁黄铁矿-钢球-水体系的伽伐尼电偶。

钢球的阳极氧化按以下方式进行：

$$Fe \Longrightarrow Fe^{2+} + 2e \ (E^{\ominus} = -0.4V) \tag{1-34}$$

$$Fe^{2+} + 3H_2O \Longrightarrow Fe(OH)_3 + 3H^+ + e \ (E^{\ominus} = 1.042V) \tag{1-35}$$

阴极过程则为氧气的还原：

$$O_2 + 2H_2O + 4e \Longrightarrow 4OH^- \tag{1-36}$$

由式（1-36）可见，钢球的氧化有利于矿浆中氧气的消耗，降低了耦合作用建立的混合电位，为低 Eop 的矿浆环境创造了条件。由耦合作用建立的混合电位可以根据钢球与硫化矿相互交叉的极化曲线得到。尽管钢球的氧化会削弱硫化矿自身的氧化，但由于生成的氧化产物 $Fe(OH)_3$ 覆盖在矿物表面，对硫化矿的浮选将带来负面影响。

关于硫化矿-硫化矿-捕收剂体系的伽伐尼电偶，同样会造成具有低静电位的矿物阳极氧化和具有高静电位的矿物阴极钝化。Rao

和 Natarajan 研究了方铅矿-黄铁矿-黄药体系的伽伐尼电偶，如图 1-4所示。

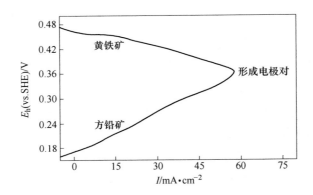

图 1-4　方铅矿-黄铁矿电极对在黄药存在时的极化曲线

结果表明，在有丁黄药存在时，丁黄药将会对静电位低的方铅矿发生氧化作用生成 $Pb(BX)_2$，随着阴极过程氧气在黄铁矿表面快速还原，阳极过程也得到激化，即方铅矿-黄铁矿电偶有利于捕收剂在方铅矿表面的吸附。

1.3　硫化矿电位调控浮选应用研究现状

近年来，人们对硫化矿浮选过程电化学机理的研究逐渐深入，通过电位的调节和控制优化浮选过程。目前，一般调节矿浆电位的方法有两种：一是采用外加电极控制电位，二是采用氧化-还原药剂控制电位。

采用外加电极控制电位的方法可以单一地获得硫化矿物浮选行为与电位的依赖关系，故在浮选电化学的理论研究过程中发挥了重要作用。目前，已经在实验室及工业实践中取得了一定成功，例如，外加电极控制电位已经在芬兰的一些镍矿、铜铅锌矿及苏联的某铜镍矿、铜铅锌矿获得一定应用。但整体而言，该方法目前还存在解决设备的问题，其最大困难就是处于浮选体系的高度分散的矿粒导电性差，难以使矿粒均匀达到所需要的电极电位。同时，要使外控电位从实验室走向实际工业生产，在电流密度或槽电流等方面的放大工作还需进行进一步的研究。

目前，用于电位调控的氧化还原剂主要有双氧水（H_2O_2）、次氯酸钠（$NaOCl$）、三氯化铁（$FeCl_3$）、亚硫酸盐（SO_3^{2-}）、过硫酸铵（$(NH_4)_2S_2O_3$）或硫化钠（Na_2S）、硫氢化钠（$NaHS$）、二氧化硫（SO_2）、连二亚硫酸钠（$Na_2S_2O_4$）、硫酸亚铁（$FeSO_4$）、亚硫酸等。

添加氧化-还原剂控制电位的方法在澳大利亚某铜铅锌矿获得了一定的应用，在加拿大、美国的选矿厂，早已应用二氧化硫作为抑制剂使用。但目前在实际矿石体系中使用氧化还原药剂控制电位，消耗的药剂成本相当大，甚至超出了工业生产所能承受的范围。此外，使用这些氧化还原药剂控制电位的同时，不可避免地会对矿物产生抑制作用。

硫化矿电位调控浮选已经在一些国家和地区的生产实践中产生了明显的经济效益，但从整体而言，仍处于实验室研究和工业试验阶段，在规模上无法与传统的捕收剂泡沫浮选工艺相比。

在理论上，电位调控浮选有三个方面需要进一步完善：

（1）通过电化学条件的匹配，提高或降低硫化矿可浮性的研究。

（2）研究调控电位影响的电化学本质，以及对硫化矿物表面亲水-疏水结构的影响。

（3）研究硫化矿在磨矿、分级、浮选过程中，硫化矿物颗粒之间、颗粒与磨矿介质之间相互接触的电化学行为，以及对浮选的影响。

在应用方面，电位调控也存在较多问题。浮选是一个敞开体系，充气浮选时，不断进入空气，加上矿浆中矿物的作用，使用氧化还原剂调节电位，在浮选时间内矿浆电位难以稳定，加大药剂用量，也不能控制这一变化的趋势。电位不稳定变化就会导致浮选发生恶化，浮选过程无法按初始的电位调控方案进行。

1.4 硫化矿物浮选电化学研究方法

随着研究工作的不断深入，浮选理论及工艺技术得到持续发展和不断完善。20 世纪 30~50 年代，研究方法仅局限于测定液相组成、浮选回收率、药剂吸附量，仅从纯化学原理的角度解释浮选现象；60 年代，红外光谱等技术用于测定黄药与硫化矿物的反应产物；70 年代以来，电化学技术普遍应用于浮选理论研究中，提出了大家公认的硫化矿物浮选的电化学理论；现代表面测试技术可以获得矿物表面几个原子层厚度的化学成分和结构信息，使研究更加微观化。

硫化矿-捕收剂-氧化剂体系的 E_h-pH 图一直是硫化矿浮选体系研究的有效手段，与电化学技术相结合，构成了研究的基本方法。E_h-pH 曲线是从热力学的角度来计算各个反应的平衡电位而建立的，而且假定反应足够快并形成热力学上稳定的组分，同时还假定反应体系无限大，这些与矿物的实际浮选情况有较大出入。尽管如此，E_h-pH 图不仅可以解释硫化矿物的许多浮选现象，而且可以预测硫化矿物的一些浮选条件，因此，至今仍广泛应用。

循环伏安法是研究硫化矿物氧化行为的有效手段，20 世纪 70 年代，Woods 作出了方铅矿的第一张循环伏安图，紧接着辉铜矿、黄铜矿、黄铁矿、斑铜矿和镍黄铁矿等硫化矿物的循环伏安研究也相继有报道。另外，由循环伏安曲线可以求电化学的动力学参数，从而判断电化学反应机理。硫化矿物浮选电化学研究多数只用作定性研究硫化矿物与捕收剂的作用机理。

用小幅度正弦波交流电信号使电极极化，同时测量其响应的方法称为交流阻抗法。交流阻抗法不仅对电极表面的扰动少，而且能提供较丰富的有关电极-溶液界面电化学反应机理的信息，在电化学研究中应用日益广泛。特别是在研究复杂电化学反应机理时，如涉及电极表面吸附态的电极过程，交流阻抗法是非常有效的实验手段之一。虽然交流阻抗谱（EIS）技术是腐蚀电化学测量的一个重要手段，在一些阻抗谱图比较简单、电化学参数的数学物理意义比较明确的简单电化学反应（如电池的反应）中应用广泛，但是由于复杂电化学反应的交流阻抗的数学表达式相当复杂，各电化学参数和阻抗图谱的谱学特征一直未得到满意的解决，限制了交流阻抗谱法的应用。

近十年来，交流阻抗谱学解释及其电化学参数解析等一系列实践和理论问题获得了长足的发展。统一的普遍适用的换算电路、具有普遍适用性的不可逆电极法拉第导纳的数学表达式和具有明确物理意义的 EIS 电化学参数等被提出来，增强了人们对复杂电极过程本质的认识。因此，最近几年，交流阻抗法及其谱学分析在固体-溶液体系的吸附和成膜过程、表面腐蚀和防腐、电极表面的电化学反应及自组装等方面的应用，报道较多。

恒电流-电位阶跃法通常用于硫化矿电极过程动力学的研究。在恒电位试验中，恒电位仪向电极施加一个固定电压值，阶跃一段时间，记录电流密度的变化。其动力学模型能够确定矿物表面产物吸附的分子层厚度及捕收剂在其表面的扩散系数；在恒电流阶跃试验中，恒电流仪将向电极提供一个稳定的电流值，并极化一定的时间，由此可以确定电位的变化。这种测试方法常常用来研究产物在矿物电极表面的阴极还原，这对于研究矿物表面产物的稳定性是至关重要的。

电化学技术能提供矿物-溶液界面作用的电化学机理和过程动力学等非常有价值的信息，构成了硫化矿物浮选电化学的主要研究方法。但这些方法缺乏矿物表面分子形态的明确信息，因此，原位（in situ）和非原位（ex situ）光谱技术同电化学方法结合，提供矿物表面元素/分子组成、原子几何和界面电子结构的信息。原位技术对矿物-溶液界面研究而言，更具有说服力。这些光谱表面分析技术包括经典的吸附研究方法，如紫外、可见光谱，应用最为广泛的 FTIR 和 XPS，此外，还有俄歇电子能谱（AES，auger electron spectroscopy）、X 射线吸收光谱（XAS，X-ray adsorption spectroscopy）、紫外光电子能谱（UPS-UV，photoelectron spectroscopy）、低能电子衍射（LEED，low energy electron diffraction）、次级离子质谱（SIMS，secondary ion mass spectroscopy）技术、STM 和拉曼光谱等。它们主要用于捕收剂在矿物表面吸附或去吸附的动力学以及检测在溶液中捕收剂的形态与残留量，这些方法仍然是研究吸附的有效方法。

20 世纪 80 年代以来，人们在应用电化学方法研究浮选电化学的同时，开始利用量子化学理论和方法来研究硫化矿浮选电化学，它从微观结构的角度来分析电子转移与矿物表面分子结构、键合状态之间的关系。Takahashi 采用分子轨道法研究了乙基巯苯骈噻唑的电子和键合状态及其在黄铁矿表面的吸附，考察了吸附趋势；Yamaguchi 利用量子化学分子轨道法研究了黄铁矿-硫醇苯噻唑体系的相互作用，提出了电子轨道转移的微观机理；Schukarew 认为黄药在方铅矿表面的吸附是亚单分子吸附，提出了分子轨道转移的吸附机理；丁敦煌等人利用量子化学研究了硫化矿物表面的共价键特性和电子迁移能力，认为硫化矿物无捕收剂浮选性能受表面结构和表面电荷的控制。王淀佐教授及其学术团队运用量子化学方法，研究了硫化矿电位调控浮选行为，认为硫化矿物具有不同的电化学调控浮选机理和微观模型，硫化矿与捕收剂及氧化剂之间的反应遵循分子轨道原则，电子交换应遵循量子化学的能量相近及对称性匹配原则。这些对浮选电化学理论是一个重要的补充和发展。

第 2 章　试验试样与研究方法

2.1　研究用试验试样

试验所用矿样都直接从新疆鄯善县众和矿业有限公司及四川会理锌矿有限责任公司的生产采场采取。在分析矿石性质后，根据实验需要，再分别从采场采取了黄铜矿、方铅矿、闪锌矿、黄铁矿等四种纯矿物的大矿块供制备纯矿物。

2.1.1　纯矿物制备

试验所用的四种矿物分别为黄铜矿、方铅矿、闪锌矿、黄铁矿。纯矿物的制备方法是首先经手选、破碎、除杂，然后进行瓷球磨、干式筛分，取 $-0.074+0.043$mm 粒级为单矿物浮选试验用样品，各纯矿物含量及半导体性质见表 2-1。

表 2-1　研究用的纯矿物的矿物含量及半导体性质

矿物名称	矿物含量/%	半导体类型	产　地
黄铜矿	96.31	n	新疆鄯善县
方铅矿	96.20	n	新疆鄯善县
闪锌矿	94.76	不导电	四川会理
黄铁矿	94.35	p	四川会理

2.1.2　实际矿石

实际浮选所用矿石来自新疆鄯善县众和矿业公司和四川会理锌矿有限责任公司。

2.1.2.1　新疆鄯善县众和矿业公司难选铜铅锌矿石

新疆鄯善县众和矿业公司生产现场的矿石化学成分分析结果见表 2-2。矿物相对含量见表 2-3。从矿物含量统计结果来看，闪锌矿、黄铜矿与方铅矿占矿物总量约 4.65%，其中黄铜矿含量还高于方铅矿含量，其他金属矿物如砷黝铜矿、磁铁矿等含量较少；其余的为脉石矿物，主要为绿泥石、绢云母、石英等。

表 2-2　新疆鄯善县众和矿业公司铜铅锌矿石成分分析结果 （%）

成分	Cu	Pb	Zn	S	SiO_2
含量	0.52	0.57	1.90	5.01	63.24
成分	CaO	As	Al_2O_3	Ag[①]	Au[①]
含量	1.20	0.25	3.70	15	2.9

①含量单位为 g/t。

表 2-3　新疆鄯善县众和矿业公司铜铅锌矿石的矿物相对含量 （%）

矿物名称	含量	矿物名称	含量	矿物名称	含量
黄铜矿	1.20	磁黄铁矿	微量	角闪石	微量
方铅矿	0.70	铜蓝	微量	方解石	微量
闪锌矿	2.75	褐铁矿	微量	长石	微量
磁铁矿	1.20	石英	40.00	锆石	偶见
黄铁矿	6.00	绿泥石	28.00	砷黝铜矿	微量
白铁矿	微量	绢云母	20.00		

矿石中矿物嵌布特征较复杂，其中一些黄铜矿呈微细状被闪锌矿、磁铁矿和脉石包裹；方铅矿被闪锌矿包裹，矿物嵌布粒度以中粒为主，方铅矿为细-中粒嵌布。从矿石中目的矿物的单体解离情况看，方铅矿单体解离较差，黄铜矿和闪锌矿较好些，但细粒级未达到完全解离。

2.1.2.2 四川会理锌矿有限责任公司难选铜铅锌矿石

四川会理锌矿有限责任公司综合样与 E708 矿段样的化学成分分析结果见表 2-4 及表 2-5，矿物相对含量见表 2-6。表 2-5 中 E708 矿段样中铜、铅、锌的含量均远高于表 2-4 中综合样的含量。从矿物含量统计结果来看，闪锌矿、黄铜矿与方铅矿占矿物总量约 35.98%，其中黄铜矿含量高于方铅矿含量，其他金属矿物如磁铁矿、菱锌矿等含量较少；其余的为脉石矿物，主要为绿泥石、云母、方解石、白云石、石英等。

表 2-4　四川会理锌矿有限责任公司铜铅锌矿石综合样化学成分分析结果（%）

成分	Cu	Pb	Zn	Au[①]	Ag[①]	TFe	S	Sb
含量	0.91	0.95	10.63	0.08	171	3.74	6.30	0.018
成分	As	Mn	Co	Ni	Ga[①]	Ge[①]	In[①]	Cd[①]
含量	0.095	0.05	0.008	0.006	15	9.9	0.10	661
成分	P_2O_5	Al_2O_3	SiO_2	CaO	MgO	TiO_2	Na_2O	K_2O
含量	0.18	5.14	35.62	9.79	15.95	0.50	0.15	0.79

①含量单位为 g/t。

表 2-5　四川会理锌矿有限责任公司铜铅锌矿石 E708 矿段样化学成分分析结果（%）

成分	Cu	Pb	Zn	Au[①]	Ag[①]	TFe	S	Sb
含量	1.34	2.37	21.73	0.11	343	4.05	11.66	0.045

成分	As	Mn	Co	Ni	Ga[①]	Ge[①]	In[①]	Cd[①]
含量	0.32	0.03	0.008	0.005	24.5	20.8	0.13	1415
成分	P_2O_5	Al_2O_3	SiO_2	CaO	MgO	TiO_2	Na_2O	K_2O
含量	0.44	3.21	26.32	7.61	12.02	0.33	0.11	0.71

①含量单位为 g/t。

表 2-6　四川会理锌矿有限责任公司铜铅锌矿石的矿物相对含量　（%）

矿物名称	含量	矿物名称	含量	矿物名称	含量
黄铜矿	3.50	绢云母	0.60	黄铁矿	微量
银黝铜矿+银砷黝铜矿	0.20	磁铁矿	1.50	毒砂	微量
方铅矿	2.68	异极矿	0.20	白铅矿	微量
闪锌矿	29.80	石英	3.00	深红银矿	偶见
菱锌矿	0.15	车轮矿	0.10	硫锑铜银矿	微量
绿泥石+云母	43.50	孔雀石	微量	硅锌矿	微量
白云石+方解石	15.00	铜蓝	微量	金银矿+自然银	微量

　　试样中铜矿物嵌布特征复杂，与闪锌矿互相包裹及呈固溶体分离结构较为普遍，不仅有黄铜矿呈溶晶包于闪锌矿中，而且还有部分闪锌矿呈溶晶包于黄铜矿中。银黝铜矿–砷黝铜矿的连生关系也复杂；毒砂呈微细自形晶不均匀被包裹于闪锌矿、黄铜矿、方铅矿、银黝铜矿–砷黝铜矿中，这对精矿产品质量有一定影响，是值得在选矿中重视的问题。同时，试样中铜矿物嵌布粒级较均匀，多集中于+0.08mm以上粒级中，铜矿物单体解离度相对较好，对选矿有利。

2.2 研究方法

2.2.1 浮选试验

单矿物浮选试验在 XFGC‒80 型 25mL 挂槽式浮选机中进行。每次矿样重 5g，用 JCX-50W 型超声波清洗机清洗表面 10min 澄清，倒去上面悬浮液，将相应 pH 值的缓冲溶液加入到 25mL 挂槽浮选机中，根据实验要求依次加入浮选药剂（矿浆 pH 值的调整用盐酸或石灰），加起泡剂前，测量矿浆电位。起泡剂 2 号油用量为 10mg/L，矿浆电位采用氧化还原剂过硫酸铵和硫代硫酸钠调节，矿浆 pH 值与矿浆电位采用意大利哈纳 pH211A 型酸度离子计，用铂电极和甘汞电极组成电极对，测量的电位数值均换算为标准氢标电位。浮选时间为 4min。单矿物浮选判据为回收率（R）：

$$R = \frac{m_1}{m_1 + m_2} \times 100\%$$

式中，m_1、m_2 分别为泡沫产品和槽内产品质量。

单矿物浮选试验流程如图 2-1 所示。

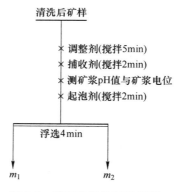

图 2-1 单矿物浮选试验流程

2.2.2 矿物表面形貌观察与表面成分分析

用荷兰 PHILIPS XL300 型扫描电镜（SEM）来观察纯矿物的表面形貌，利用能谱仪对所观测区域进行表面能谱测试。

2.2.3 电化学测试

2.2.3.1 工作电极

按一定的质量比例分别称取矿粉、分析纯固体石蜡和光谱纯石墨粉，使石墨粉和矿粉充分混合均匀；把固体石蜡置于烧杯中加热熔化后，迅速加入已混合均匀的石墨粉和矿粉，快速搅拌均匀后立即压入制样模型中，马上用压片机压片，保持静压 45MPa，5min。取出后，打磨成直径为 1cm、厚度为 3mm 的圆柱体，制成碳糊电极（CPE，carbon paste electrode），如图 2-2 所示。对闪锌矿而言，循环伏安测试采用组成 2∶7∶1（石墨∶矿粉∶石蜡）的碳糊电极。对黄铜矿、方铅矿和黄铁矿而言，循环伏安测试采用组成为 9∶1（矿粉∶石蜡）的粉末压制电极。

玻璃管

铜线

树脂
银焊接
矿物

图 2-2 矿物电极示意图

2.2.3.2 电化学实验方法

以 0.1mol/L Na$_2$SO$_4$ 溶液作为电解质；水为一次蒸馏水；pH 值为 4.00、6.86、8.00、9.18、11.00 的缓冲溶液为电解液。电解池采用三电极系统，以铂片电极做辅助电极，Ag/AgCl 做参比电极。工作电极在溶液中浸泡一定的时间达到平衡后进行测量；每次测量，均用不同型号的砂纸逐级打磨，最后打磨成镜面，水洗，以更新工作面。实验仪器为普林斯顿公司的电化学测量系统（PARSTAT 2263）。Tafel 电位扫描相对于开路电位±250mV，由阴极向阳极扫描，循环伏安、恒电位阶跃测试，交流阻抗测试，Tafel 曲线均采用配套的 POWERSUIT 软件。

2.2.4 红外及紫外光谱测试

称取单矿物浮选试验矿样 0.7g，用超声波清洗器清洗后加入到 20mL 含有相应药剂的缓冲溶液中，静置 10min，过滤，干燥，干燥后取 1mg 左右样品用玛瑙研钵研磨成粉末与溴化钾（SP 级）粉末（约 80g）混合均匀，装入模具中压片后放入 AVATAR 370 红外光谱仪中进行红外测试。过滤后的溶液在 HeliosAlpha&Beta 双束光紫外分析测试仪进行紫外测试，导出波形曲线数据，根据曲线分析药剂在矿物表面的吸附规律。

第3章 难选铜铅锌硫化矿的表面氧化

第1章对难选铜铅锌硫化矿石难选的原因分析表明，矿物本身的氧化产生的重金属离子对浮选的影响极大，同时当矿物未单体解离时，矿物彼此之间的互含对矿物的浮选行为产生重大的影响。可见，研究难选铜铅锌硫化矿石各矿物的表面氧化行为以及相关电化学行为，对于分选铜、铅、锌、铁硫化矿具有重要的指导意义。本章将从热力学分析角度来研究铜铅锌硫化矿物的表面氧化。

3.1 硫化矿-水（调整剂）体系的氧化-还原反应及其浮选意义

要使得硫化矿电化学浮选成功应用，首先必须对体系内部的各种氧化-还原反应进行分析和研究，探讨这些氧化-还原反应对硫化矿表面亲水和疏水的电化学反应以及对矿浆电位的影响，这就涉及电化学浮选分离的热力学条件（电位、pH 值、捕收剂）及其影响因素。通过热力学分析可以绘制硫化矿矿物表面氧化的 E_h-pH 图。

对于黄铜矿而言，元素硫生成的反应包括：

在碱性体系中：

$$CuFeS_2 + 3H_2O \Longrightarrow CuS + Fe(OH)_3 + S + 3H^+ + 3e$$

$$E_h = 0.536 - 0.059pH \tag{3-1}$$

在弱酸性体系中：

$$CuFeS_2 = Cu^{2+} + Fe^{2+} + 2S + 4e$$

$$E_h = 0.276 + 0.0295lg[Fe^{2+}] \tag{3-2}$$

反应（3-1）和（3-2）所示的黄铜矿表面生成硫，可能会发生深度氧化，反应式如下：

$$CuS = Cu^{2+} + S + 2e$$

$$E_h = 0.59 + 0.0295lg[Cu^{2+}] \tag{3-3}$$

$$CuS + 2H_2O = Cu(OH)_2 + S + 2H^+ + 2e$$

$$E_h = 0.862 - 0.059pH \tag{3-4}$$

在一定的高电位下，黄铜矿表面进一步氧化，生成亲水产物：

$$2CuFeS_2 + 3H_2O = 2CuS + 2Fe^{2+} + S_2O_3^{2-} + 6H^+ + 8e$$

$$E_h = 0.331 - 0.044pH \tag{3-5}$$

$$2CuS + 3H_2O = 2Cu^{2+} + S_2O_3^{2-} + 6H^+ + 8e$$

$$E_h = 0.44 - 0.044pH \tag{3-6}$$

$$2CuFeS_2 + 9H_2O = 2CuS + 2Fe(OH)_3 + S_2O_3^{2-} + 12H^+ + 10e$$

$$E_h = 0.48 - 0.071pH \tag{3-7}$$

$$2CuS + 7H_2O = 2Cu(OH)_2 + S_2O_3^{2-} + 10H^+ + 8e$$

$$E_h = 0.635 - 0.0738pH \tag{3-8}$$

$$2S + 6OH^- = S_2O_3^{2-} + 3H_2O + 4e$$

$$E_h = 0.815 - 0.175pH \tag{3-9}$$

$$Cu^{2+} + 2H_2O = Cu(OH)_2 + 2H^+$$

$$pH = 6.61 \tag{3-10}$$

$$Fe^{2+} + 2H_2O = Fe(OH)_2 + 2H^+$$

$$pH = 6.41 \tag{3-11}$$

根据式（3-1）~式（3-11）绘出黄铜矿-水体系的 E_h-pH 图，为了简化，一些非重要物质的平衡电位值没有出现，如图 3-1 所示。图 3-1 中的点来自实际的浮选体系中所测得的实验结果。

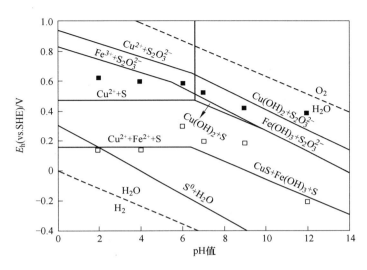

图 3-1 黄铜矿在水体系的 E_h-pH 图

将实际测得的结果与热力学计算的数据进行比较，由图 3-1 可以看到，试验所得的可浮电位区间基本都在硫存在的区间内。由此可以推断，致使黄铜矿自诱导浮选的主要疏水产物为单质硫。一旦超过电位上限，表面将生成亲水性的硫代硫酸盐和金属氢氧化物，浮选终止。同时，从图 3-1 中打点部分来看，黄铜矿在试验 pH 值范围内有很好的自诱导浮选性，具有较宽的电位上限和下限。这一结果表明，黄铜矿在一定的矿浆电位区间内具有较好的无捕收剂可浮性。

对方铅矿而言，可能存在以下反应，并假设体系中可溶性组分的浓度为 10^{-4} mol/L。

在酸性体系中：

$$PbS \Longrightarrow Pb^{2+} + S + 2e$$

$$E_h = 0.354 + 0.0295 \lg[Pb^{2+}] = 0.236V \qquad (3-12)$$

在弱碱性体系中：

$$PbS + 2H_2O \Longrightarrow Pb(OH)_2 + S + 2H^+ + 2e$$

$$E_h = 0.756 - 0.059pH \tag{3-13}$$

在碱性体系中：

$$PbS + 2H_2O \Longrightarrow HPbO_2^- + S + 3H^+ + 2e$$

$$E_h = 1.064 - 0.0885pH \tag{3-14}$$

在一定的高电位下，方铅矿表面进一步氧化，生成亲水产物如下：

$$2PbS + 3H_2O \Longrightarrow 2Pb^{2+} + S_2O_3^{2-} + 6H^+ + 8e$$

$$E_h = 0.338 - 0.044pH \tag{3-15}$$

$$2PbS + 7H_2O \Longrightarrow 2Pb(OH)_2 + S_2O_3^{2-} + 10H^+ + 8e$$

$$E_h = 0.598 - 0.0737pH \tag{3-16}$$

$$2PbS + 7H_2O \Longrightarrow 2HPbO_2^- + S_2O_3^{2-} + 12H^+ + 8e$$

$$E_h = 0.734 - 0.0885pH \tag{3-17}$$

$$Pb^{2+} + 2H_2O \Longrightarrow Pb(OH)_2 + 2H^+$$

$$pH = 8.8 \tag{3-18}$$

$$Pb(OH)_2 \Longrightarrow HPbO_2^- + H^+$$

$$pH = 10.36 \tag{3-19}$$

根据式（3-12）~ 式（3-19）绘出了方铅矿-水体系的 E_h-pH 图，如图 3-2 所示，图 3-2 中的点分别代表实际浮选体系中所测得的浮选电位上限及下限。从图 3-2 中可以看出，以硫的生成作为方铅矿自诱导浮选的电位下限，以硫代硫酸盐和氢氧化铅的生成作为浮选电位的上限，方铅矿在整个 pH 值范围内具有较好的无捕收剂可浮性。同时，方铅矿无捕收剂自诱导浮选的 E_h-pH 区域正好是亚稳态单质硫存在的区域，这一结果表明，亚稳态单质硫为主要疏水体。从打点部分来看，尽管方铅矿表现出来的可浮性不如黄铜矿，但是在实际的浮选体系中在较宽的 pH 值和电位区域，方铅矿也具有较好的无捕收剂可浮性。

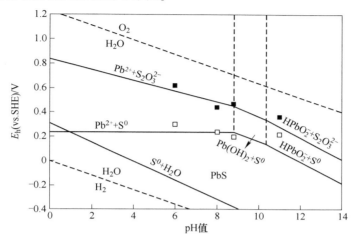

图 3-2 方铅矿-水体系的 E_h-pH 图

假设体系中可溶性组分浓度为 10^{-4} mol/L，黄铁矿表面氧化生成疏水产物的反应如下：

$$FeS_2 \xrightharpoonup{\hspace{1cm}} Fe^{2+} + 2S + 2e$$

$$E_h = 0.476 + 0.059 \lg[Fe^{2+}] \tag{3-20}$$

$$FeS_2 \xrightharpoonup{\hspace{1cm}} Fe^{3+} + 2S + 3e$$

$$E_h = 0.656 + 0.059 \lg[Fe^{2+}] \tag{3-21}$$

$$FeS_2 + 3H_2O \xrightharpoonup{\hspace{1cm}} Fe(OH)_3 + 2S + 3H^+ + 3e$$

$$E_h = 0.579 - 0.059 pH \tag{3-22}$$

那么，表面生成亲水产物的反应如下：

$$FeS_2 + 5H_2O \xrightharpoonup{\hspace{1cm}} Fe(OH)_2 + S_2O_3^{2-} + 8H^+ + 6e$$

$$E_h = 0.344 - 0.059 pH \tag{3-23}$$

$$FeS_2 + 6H_2O \Longrightarrow Fe(OH)_3 + S_2O_3^{2-} + 9H^+ + 7e$$

$$E_h = 0.48 - 0.076pH \qquad (3-24)$$

图 3-3 为黄铁矿-水体系表面氧化的 E_h-pH 图。从图 3-3 中打点部分可以看出，虽然有亚稳态的元素硫覆盖在黄铁矿的表面，但是黄铁矿依旧没有表现出较好的自诱导可浮性（强酸性体系除外），并且浮选的电位区间较窄。在 pH 值为 6 时，电位上限和下限几乎重合，这可能是由于生成疏水性单质硫的同时也伴随着大量的 $Fe(OH)_3$ 出现在黄铁矿表面。即疏水性的元素硫不足以克服亲水性的 $Fe(OH)_3$。因此，可以认为元素硫和 $Fe(OH)_3$ 的含量所占的相对比例决定着黄铁矿的浮选过程。

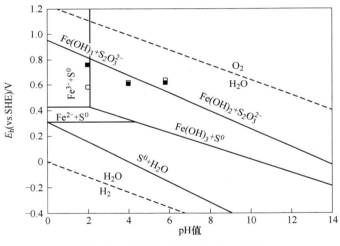

图 3-3 黄铁矿-水体系的 E_h-pH 图

可溶物浓度取 10^{-4} mol/L，对闪锌矿而言，闪锌矿-水体系有平衡关系：

在低电位下，闪锌矿表面生成疏水产物如下：

$$ZnS \Longrightarrow Zn^{2+} + S + 2e$$

$$E_h = 0.298 + 0.0295lg[Zn^{2+}] = 0.18V \qquad (3-25)$$

$$ZnS + 2H_2O \Longrightarrow Zn(OH)_2 + S + 2H^+ + 2e$$

$$E_h = 0.652 - 0.059pH \tag{3-26}$$

$$ZnS + 2H_2O \Longrightarrow HZnO_2^- + S + 3H^+ + 2e$$

$$E_h = 0.953 - 0.0885pH \tag{3-27}$$

在一定的高电位下，闪锌矿表面进一步氧化，生成亲水产物如下：

$$2ZnS + 3H_2O \Longrightarrow 2Zn^{2+} + S_2O_3^{2-} + 6H^+ + 8e$$

$$E_h = 0.78 - 0.044pH \tag{3-28}$$

$$2ZnS + 7H_2O \Longrightarrow 2Zn(OH)_2 + S_2O_3^{2-} + 10H^+ + 8e$$

$$E_h = 1.01 - 0.0737pH \tag{3-29}$$

$$2ZnS + 7H_2O \Longrightarrow 2HZnO_2^- + S_2O_3^{2-} + 12H^+ + 8e$$

$$E_h = 1.23 - 0.0885pH \tag{3-30}$$

$$Zn^{2+} + 2H_2O \Longrightarrow Zn(OH)_2 + 2H^+$$

$$pH = 8.0 \tag{3-31}$$

$$Zn(OH)_2 \Longrightarrow HZnO_2^{2-} + H^+$$

$$pH = 11.9 \tag{3-32}$$

图 3-4 为闪锌矿–水体系表面氧化的 E_h-pH 图，由图 3-4 中打点部分可以看出，酸性介质中，闪锌矿具有较好的可浮性；碱性介质中，可浮性迅速降低，当 pH 值大于 9 以后，闪锌矿的上浮率已经非常低了。并且高的电位值对应着高的上浮率，反之亦然。因此，从矿浆电位这一变量考虑，闪锌矿的无捕收剂浮选需要配合较高的矿浆电位。

在闪锌矿溶液中加入抑制剂 $ZnSO_4$，将会有以下反应发生：

$$ZnS + 4H_2O \Longrightarrow Zn^{2+} + HSO_4^- + 7H^+ + 8e$$

$$E^{\ominus} = 0.320V \tag{3-33}$$

$$ZnS + 4H_2O \Longrightarrow Zn^{2+} + SO_4^{2-} + 8H^+ + 8e$$

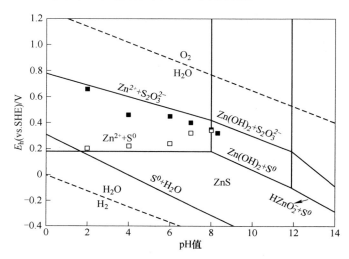

图 3-4　闪锌矿-水体系的 E_h-pH 图

$$E^{\ominus} = 0.334\mathrm{V} \tag{3-34}$$

$$ZnS + 6H_2O = Zn(OH)_2 + SO_4^{2-} + 10H^+ + 8e$$

$$E^{\ominus} = 0.425\mathrm{V} \tag{3-35}$$

$$ZnS + 6H_2O = ZnO_2^{2-} + SO_4^{2-} + 12H^+ + 8e$$

$$E^{\ominus} = 0.635\mathrm{V} \tag{3-36}$$

$$2ZnS + 2ZnSO_4 + 10H_2O = ZnSO_4 \cdot Zn(OH)_2 + SO_4^{2-} + 18H^+ + 16e$$

$$\tag{3-37}$$

$$ZnSO_4 \cdot Zn(OH)_2 + 2H^+ = 2Zn^{2+} + SO_4^{2-} + 2H_2O$$

$$pH = 3.77 \tag{3-38}$$

$$ZnSO_4 \cdot Zn(OH)_2 + 2H_2O = 2Zn(OH)_2 + 2H^+ + SO_4^{2-}$$

$$pH = 8.44 \tag{3-39}$$

图 3-5 中虚线部分为 $ZnSO_4$ 浓度为 $1 \times 10^{-2}\,\mathrm{mol/L}$ 时的闪锌矿-$ZnSO_4$-水体系 E_h-pH 图。

从图 3-5 可以得到以下几个结论：

图 3-5 ZnS-ZnSO$_4$-H$_2$O 体系的 E_h-pH 图

（1）ZnSO$_4$的加入明显改变了闪锌矿表面氧化产物随 pH 值变化的关系，使得 Zn^{2+} 及 HZnO$_2^-$存在的 pH 值区域缩小，而Zn(OH)$_2$存在的区域扩大。

（2）ZnSO$_4$的加入提高了闪锌矿的氧化电位，并且氧化产物有所改变。

（3）无论是中性矿浆还是碱性矿浆，对闪锌矿起抑制作用的主要组分是 Zn(OH)$_2$。在这个 ZnSO$_4$用量较大的体系中，Zn(OH)$_2$存在的 pH 值范围拓宽至 3.77 ~ 13.01，并且产生了 ZnSO$_4$·Zn(OH)$_2$这一新的组分，新组分对闪锌矿的抑制作用主要体现在增加了 Zn(OH)$_2$这种物质在弱酸性条件下的稳定性。

（4）Zn(OH)$_2$主要来源于闪锌矿的自身氧化和 ZnSO$_4$的作用。中性至弱酸性介质中，Zn(OH)$_2$不能稳定存在，此时 ZnSO$_4$对闪锌矿的抑制作用不明显；弱碱性矿浆中，必须加入 ZnSO$_4$才能抑制闪锌矿，其主要原因是由于闪锌矿自身氧化未能产生足够的

$Zn(OH)_2$，并且此时 $Zn(OH)_2$ 的存在不够稳定；高碱条件下，闪锌矿由于自身的氧化严重，矿物表面除了 $Zn(OH)_2$ 之外还会生成亲水性的 ZnO_2^{2-}，其抑制作用比弱碱性条件下要强。

在闪锌矿-水体系中加入抑制剂 Na_2SO_3 后，Na_2SO_3 在溶液中水解成 H_2SO_3，然后分步电离：

$$Na_2SO_3 + H_2O \Longrightarrow H_2SO_3 + 2NaOH \qquad (3-40)$$

$$H_2SO_3 \Longrightarrow H^+ + HSO_3^- \qquad (3-41)$$

$$K_{a1} = \frac{[H^+][HSO_3^-]}{[H_2SO_3]} = 1.6 \times 10^{-2}$$

$$HSO_3^- \Longrightarrow H^+ + SO_3^{2-} \qquad (3-42)$$

$$K_{a1} = \frac{[H^+][SO_3^{2-}]}{[HSO_3^-]} = 1.0 \times 10^{-7}$$

对式（3-41）和式（3-42）取对数有：

$$\lg[HSO_3^-] = \lg c_0 - \lg(K_{a1} + [H^+]) + \lg K_{a1} \qquad (3-43)$$

$$\lg[H_2SO_3] = \lg c_0 - \lg(K_{a1} + [H^+]) - pH \qquad (3-44)$$

$$\lg[SO_3^{2-}] = \lg c_0 - \lg(K_{a2} + [H^+]) + \lg K_{a2} \qquad (3-45)$$

$$\lg[HSO_3^-] = \lg c_0 - \lg(K_{a2} + [H^+]) - pH \qquad (3-46)$$

因此，由式（3-43）~式（3-46），绘出亚硫酸钠在水溶液中各组分的浓度对数图，Na_2SO_3 的浓度为 1×10^{-4} mol/L，如图 3-6 所示。在 1.9<pH<6.5 时，HSO_3^- 是优势组分，而 pH 值大于 6.5 后，优势组分为 SO_3^{2-}，此时 SO_3^{2-} 的浓度 $c > 10^{-4.75}$ mol/L。根据 SO_3^{2-} 与乙硫氮离子 D^- 和丁铵黑药离子 DTP^- 在闪锌矿表面同 Zn^{2+} 发生竞争作用的机理模型：

$$Zn^{2+} + SO_3^{2-} \Longrightarrow ZnSO_3$$

$$L_{ZnSO_3} = [Zn^{2+}][SO_3^{2-}] = 1 \times 10^{-13} \qquad (3-47)$$

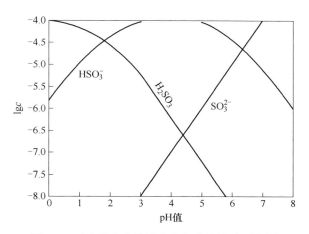

图 3-6 亚硫酸在水溶液中各组分的浓度对数图

$$Zn^{2+} + 2D^- \rightleftharpoons ZnD_2$$

$$L_{ZnD_2} = [Zn^{2+}][D^-] = 1 \times 10^{-16} \tag{3-48}$$

$$Zn^{2+} + 2DTP^- \rightleftharpoons Zn(DTP)_2$$

$$L_{ZnD_2} = [Zn^{2+}][DTP^-] = 1 \times 10^{-11.66} \tag{3-49}$$

可以算得，此时生成 $ZnSO_3$ 所需 Zn^{2+} 的浓度为：

$$[Zn^{2+}] = L_{ZnCO_3}/[SO_3^{2-}] = 1 \times 10^{-13}/10^{-4.75} = 1 \times 10^{-8.25}\text{mol/L}$$

此值小于生成 ZnD_2 及 $Zn(DTP)_2$ 所需要的 Zn^{2+} 的浓度：

$$[Zn^{2+}] = L_{ZnD_2}/[D^-] = 1 \times 10^{-16}/(1 \times 10^{-4})^2 = 1 \times 10^{-8}\text{mol/L}$$

$$[Zn^{2+}] = L_{Zn(DTP)2}/[DTP^-] = 1 \times 10^{-11.66}/(1 \times 10^{-4})^2 = 1 \times 10^{-3.66}\text{mol/L}$$

即生成 $ZnSO_3$ 比生成 ZnD_2 和 $Zn(DTP)_2$ 更容易，表明 SO_3^{2-} 可以阻止捕收剂同闪锌矿反应。

在实际的浮选体系中，将 Na_2SO_3 和 $ZnSO_4$ 组合使用对铅锌抑制作用很好，这是因为该组合抑制剂的添加，在矿浆中发生了如下反应：

$$4ZnSO_4 + 4Na_2SO_3 + 4H_2O =\!\!=$$

$$Zn_4(SO_3)(OH)_6 \cdot H_2O\downarrow + 3SO_2\uparrow + 4Na_2SO_4 \quad (3\text{-}50)$$

前面提到，$ZnSO_4$ 对闪锌矿的抑制作用主要是生成了亲水的 $Zn(OH)_2$，$Zn(OH)_2$ 和 $Zn_4(SO_3)(OH)_6 \cdot H_2O$ 都是亲水性胶体，沉淀物在闪锌矿表面使得闪锌矿既亲水又能阻止捕收剂与其反应。

由于抑制铅锌矿的浮选通常是在高碱条件下进行，$Zn(OH)_2$ 和 $Zn_4(SO_3)(OH)_6 \cdot H_2O$ 又能溶于碱性体系，将发生如下反应：

$$Zn(OH)_2 + 2OH^- =\!\!= ZnO_2^{2-} + 2H_2O \quad (3\text{-}51)$$

$$Zn_4(SO_3)(OH)_6 \cdot H_2O + 10OH^- =\!\!= 4ZnO_2^{2-} + SO_3^{2-} + 9H_2O$$

$$(3\text{-}52)$$

由于 ZnO_2^{2-} 也是亲水性的，因此，在高碱性条件下，ZnO_2^{2-} 也增加了闪锌矿的亲水性，使其受到了抑制。

在闪锌矿-水体系中加入活化剂 $CuSO_4$，闪锌矿表面会有铜的硫化物产生，并且存在如下平衡关系：

$$2CuS + 4H_2O =\!\!= Cu_2S + HSO_4^- + 7H^+ + 6e$$
$$E_h = 0.3487 - 0.06883pH \quad (3\text{-}53)$$

$$2CuS + 4H_2O =\!\!= Cu_2S + SO_4^{2-} + 8H^+ + 6e$$
$$E_h = 0.3675 - 0.07867pH \quad (3\text{-}54)$$

$$Cu_2S + 4H_2O =\!\!= 2Cu + SO_4^{2-} + 8H^+ + 6e$$
$$E_h = 0.496 - 0.07867pH \quad (3\text{-}55)$$

$$Cu_2S + 4H_2O =\!\!= 2Cu^{2+} + HSO_4^- + 7H^+ + 10e$$
$$E_h = 0.3505 - 0.0413pH \quad (3\text{-}56)$$

$$Cu_2S + 4H_2O =\!\!= 2Cu^{2+} + SO_4^{2-} + 8H^+ + 10e$$
$$E_h = 0.3616 - 0.0472pH \quad (3\text{-}57)$$

$$Cu =\!\!= Cu^{2+} + 2e$$
$$E_h = 0.1597 \quad (3\text{-}58)$$

$$2Cu + H_2O \Longrightarrow Cu_2O + 2H^+ + 2e$$

$$E_h = 0.4706 - 0.059pH \tag{3-59}$$

$$Cu_2O + 3H_2O \Longrightarrow 2CuO_2^{2-} + 6H^+ + 2e$$

$$E_h = 2.214 - 0.177pH \tag{3-60}$$

$$Cu_2O + 2H_2O + CO_2(g) \Longrightarrow Cu_2(OH)_2CO_3 + 2H^+ + 2e$$

$$E_h = 0.6708 - 0.059pH \tag{3-61}$$

$$Cu_2(OH)_2CO_3 + H_2O \Longrightarrow 2CuO_2^{2-} + CO_2(g) + 4H^+$$

$$pH^{\ominus}值为 13.01 \tag{3-62}$$

$$CuS + 2H_2O \Longrightarrow Cu(OH)_2 + S^0 + 2H^+ + 2e$$

$$E_h = -0.863 - 0.059pH \tag{3-63}$$

根据以上方程绘制 $ZnS-CuSO_4-H_2O$ 体系 E_h-pH 图，可溶物浓度 $10^{-4}mol/L$。

从图 3-7 可以看出，在闪锌矿-水溶液中加入 $CuSO_4$ 后，闪锌矿表面首先形成的将是 CuS。CuS 一旦形成，即较闪锌矿优先氧化为 Cu_2S 和 SO_4^{2-}。因此，对闪锌矿起活化作用的成分主要是 CuS 和

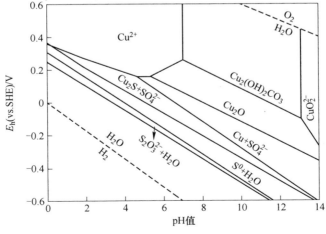

图 3-7 $ZnS-CuSO_4-H_2O$ 体系 E_h-pH 图

Cu$_2$S，并且此组分对闪锌矿起到保护作用，可以防止闪锌矿表面过度氧化。

3.2 铜铅锌硫化矿物表面氧化的电化学研究

3.2.1 黄铜矿表面氧化的电化学研究

图 3-8 给出了黄铜矿电极在不同 pH 值条件下的循环伏安扫描曲线。从图 3-8 中可以看出，随着 pH 值的增加，阳极电流增大，这与 E_h-pH 值升高、同一电位下氧化加剧的结论一致。由于在电

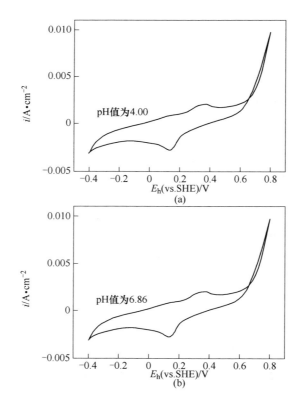

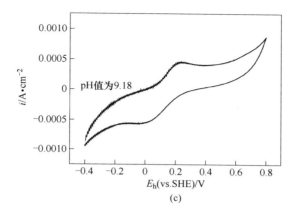

图 3-8 黄铜矿电极在不同 pH 值条件下的循环伏安扫描曲线

化学反应体系中，与反应无关的离子及其他可溶性组分已尽可能被消除，故假定反应的可溶性组分为 10^{-4} mol/L。

当 pH 值为 4.00 时，黄铜矿在 0.15V 左右开始氧化，酸性条件下对应的反应见式（3-2）：

$$CuFeS_2 = Cu^{2+} + Fe^{2+} + 2S + 4e$$

$$E_h = 0.276 + 0.0295lg [Fe^{2+}]$$

根据能斯特方程，式（3-2）反应的热力学平衡电位为 0.158V，两者较接近，所以认为图 3-8 中，pH 值为 4.00 时，黄铜矿表面氧化起始反应是式（3-1）的反应。pH 值为 6.86 时，黄铜矿表面继续氧化，从 0.3V 左右开始出现的第一个氧化峰可能对应的反应见式（3-3）：

$$CuS = Cu^{2+} + S + 2e$$

$$E_h = 0.59 + 0.0295lg[Cu^{2+}]$$

上述热力学平衡电位为 0.372V。那么，从 0.6V 开始出现的第二个起始氧化电位，可能对应的反应见式（3-4）：

$$CuS + 2H_2O = Cu(OH)_2 + S + 2H^+ + 2e$$

$$E_h = 0.862 - 0.059pH$$

反应（3-4）的热力学平衡电位约为 0.626V，与图 3-8 中 0.6V 相近。

pH 值为 9.18 时，黄铜矿表面发生深度氧化，生成亲水产物，在 0.2V 左右出现第一个氧化峰，可能对应的反应见式（3-1）：

$$CuFeS_2 + 3H_2O == CuS + Fe(OH)_3 + S + 3H^+ + 3e$$

$$E_h = 0.536 - 0.059pH$$

随着正向扫描的进行，从 E_h-pH 图的分析可知，电位上升黄铜矿表面将会进一步氧化成 $S_2O_3^{2-}$，考虑生成 $S_2O_3^{2-}$ 的过电位，将有式（3-8）所示反应发生。

$$2CuS + 7H_2O == 2Cu(OH)_2 + S_2O_3^{2-} + 10H^+ + 8e$$

$$E_h = 0.635 - 0.0738pH$$

图 3-9 是不同 pH 值条件下，开路极化 20min 测得的交流阻抗谱图（EIS）。

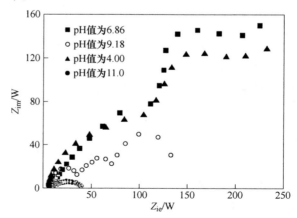

图 3-9 黄铜矿电极在不同 pH 值的缓冲溶液中的交流阻抗谱图

从图 3-9 中可以看出，黄铜矿表现出了有吸附性中间产物的电极过程。高频、中频、低频三个容抗弧分别对应于 Fe^{2+} 脱离黄铜矿晶格进入溶液、中间态富硫层的生成及其氢氧化物沉淀进一步氧化生成 $S_2O_3^{2-}$。

在 pH 值为 4.00~9.18，EIS 谱图中明显存在"中间态富硫层"的容抗弧。近中性条件下黄铜矿进一步氧化，富硫层增多，此时在黄铜矿表面产生了钝化，阻抗要大于酸性条件下的。在 pH 值为 9.18 时，EIS 谱图显示出"Fe^{2+} 脱离黄铜矿晶格被氧化"的容抗弧，由于元素 S^0 开始氧化生成 $S_2O_3^{2-}$ 等亲水离子，容抗弧又稍减小。这与循环伏安曲线结果基本一致。

当 pH 值为 11.0 时，EIS 谱图仅显示出矿物表面固有的羟基特征，由于元素 S^0 被完全氧化而导致黄铜矿表面亲水，无捕收剂可浮性差。因此，在碱性条件下，铜、铁易羟基化，黄铜矿表面是羟基化的晶格硫，稳定性差，容易被氧化，可浮性迅速降低。

3.2.2 方铅矿表面氧化的电化学研究

方铅矿电极在高碱溶液中的循环伏安扫描曲线如图 3-10 所示，假定反应的可溶性组分为 10^{-4} mol/L。pH 值为 11.0 时，方铅矿从

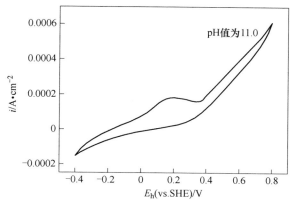

图 3-10 方铅矿电极在高碱条件下的循环伏安扫描曲线

0 左右开始出现了第一个阳极电流峰, 对应反应见下式:

$$PbS + 2H_2O \Longrightarrow HPbO_2^- + S + 3H^+ + 2e$$

$$E^{\ominus} = 1.064V$$

逆向扫描时, 阳极产物的还原导致两个阴极峰的出现, 位于高电位的阴极峰对应于上述反应的逆反应; 另一个阴极峰与电极表面单质 S^0 的还原相对应。

随着正向扫描的进行, 电位上升将导致硫的进一步氧化, 此时方铅矿表面的反应见下式:

$$2PbS + 7H_2O \Longrightarrow 2HPbO_2^- + S_2O_3^{2-} + 12H^+ + 8e$$

$$E^{\ominus} = 0.842V$$

3.2.3　闪锌矿表面氧化的电化学研究

闪锌矿电极在碱性条件下的循环伏安曲线如图 3-11 所示, 假定反应的可溶性组分为 $10^{-4}mol/L$。

从图 3-11 中可见, 当 pH 值为 9.18 时, 正向扫描首先出现的阳极峰对应于闪锌矿按式 (3-26) 发生氧化:

$$ZnS + 2H_2O \Longrightarrow Zn(OH)_2 + S + 2H^+ + 2e$$

$$E^{\ominus} = 0.665V$$

电位较高处的第二个阳极峰是 S^0 氧化成 $S_2O_3^{2-}$ 的反应。逆向扫描时, 出现了一个明显的阴极峰, 这可能是阳极氧化产物剩余的 $Zn(OH)_2$, 再和单质 S^0 反应重新生成 ZnS (即反应 (3-26) 的逆反应)。

在 pH 值为 11.0 的高碱介质中, 阳极电流急剧增大, 闪锌矿表面发生了更为剧烈的氧化。此时, 在弱碱条件下生成单质 S^0 和 $Zn(OH)_2$ 的阳极峰几乎消失了, 表明此时闪锌矿的氧化直接按式

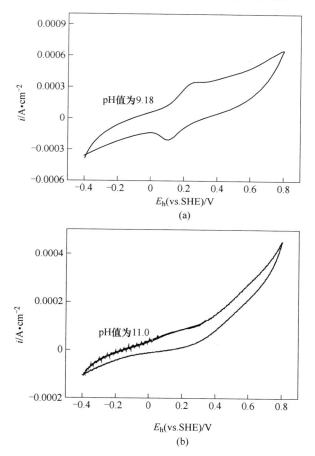

图 3-11 闪锌矿电极在碱性条件下的循环伏安扫描曲线

（3-30）进行：

$$2ZnS + 7H_2O \Longrightarrow 2HZnO_2^- + S_2O_3^{2-} + 12H^+ + 8e$$

$$E^{\ominus} = 1.23V$$

综上所述，在弱碱性介质中，闪锌矿表面的氧化产物中可能存在 S^0，但 S^0 能稳定存在的电位上限较低。在高碱条件下，即使在较低的氧化电位下，闪锌矿表面不但不会生成 S^0，而且自身将发生严重的氧化。这对于高碱条件下优先浮选方铅矿是非常有利的。

闪锌矿电极在含有 10^{-4} mol/L 组合抑制剂（$Na_2SO_3 + ZnSO_4$）水溶液中的循环伏安曲线如图 3-12 所示。

从图 3-12 可看出，在闪锌矿-水溶液中加入该组合抑制剂，所得的循环伏安曲线的形状和不同 pH 值下的起始氧化电位未发生较大改变，说明抑制剂的加入未能改变闪锌矿表面发生氧化的条件。

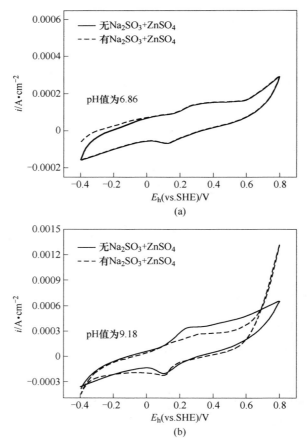

(a)

(b)

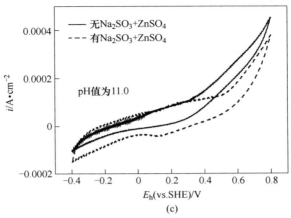

图 3-12　组合抑制剂对闪锌矿循环伏安曲线的影响

pH 值为 6.86 时，从图 3-12 中的曲线情况来看，该组合抑制剂对闪锌矿的抑制作用不明显。

pH 值为 9.18 时，正向扫描时第一个阳极峰明显减小，阳极峰电流的减小说明闪锌矿表面的氧化产物 $Zn(OH)_2$ 和 $Zn_4(SO_3)(OH)_6 \cdot H_2O$ 在电极表面的滞留，因此可以认为在此 pH 值下抑制剂的加入将使得闪锌矿表面覆盖 $Zn(OH)_2$ 和 $Zn_4(SO_3)(OH)_6 \cdot H_2O$ 亲水产物，因而对闪锌矿产生抑制作用。

在 pH 值为 11.0 的高碱情况下，伏安曲线的阳极电流比不加抑制剂时明显减小了，说明随着反应的进行，越来越多的亲水产物覆盖在闪锌矿的表面，并且逆向扫描时 ZnO_2^{2-} 还原为 ZnS 的阴极峰略有增大，表明在高碱条件下抑制剂的加入能使闪锌矿表面的亲水产物增多，其抑制作用要强于弱碱性条件。

在高碱条件下经 $CuSO_4$ 活化的闪锌矿的循环伏安曲线较为复杂，如图 3-13 所示，$CuSO_4$ 的浓度为 $10^{-4}mol/L$。在 pH 值为 11.0，扫描电位上限为 0.8V 的情况下，正向扫描时出现的一系列阳极峰

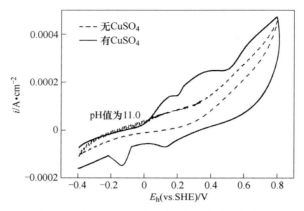

图 3-13　经 CuSO$_4$活化的闪锌矿循环伏安曲线

包含了反应式（3-54）、式（3-57）及式（3-63）。

$$2CuS + 4H_2O \Longrightarrow Cu_2S + SO_4^{2-} + 8H^+ + 6e$$

$$E^{\ominus} = 0.3675V$$

$$Cu_2S + 4H_2O \Longrightarrow 2Cu^{2+} + SO_4^{2-} + 8H^+ + 10e$$

$$E^{\ominus} = 0.3616V$$

$$CuS + 2H_2O \Longrightarrow Cu(OH)_2 + S^0 + 2H^+ + 2e$$

$$E^{\ominus} = -0.863V$$

　　由此可见，在高碱性介质中，电极表面不仅存在 Cu$_2$S 和 CuS，还有可能存在 Cu(OH)$_2$，元素硫的存在主要取决于氧化电位的大小。因此逆向扫描时出现了一系列逆反应所表示的阴极峰。

　　根据上述循环伏安测试结果，未能确切鉴定闪锌矿表面的活化产物究竟是 Cu$_2$S 还是 CuS。在实际的浮选体系中，可以认为在闪锌矿表面的活化产物是一些含铜量不同的铜的硫化物。

　　当电位低于硫化铜的静电位时，活化产物将按如下方式生成高铜硫比的化合物：

$$Cu_xS_y + zCu^{2+} + 2ze \longrightarrow Cu_{x+z}S_y \qquad (3-64)$$

当电位高于硫化铜的静电位时，硫化物按如下的方式失去部分铜：

$$Cu_xS_y \longrightarrow Cu_{x-z}S_y + zCu^{2+} + 2ze \qquad (3-65)$$

3.2.4 黄铁矿表面氧化的电化学研究

图 3-14 给出了黄铁矿电极分别在 pH 值为 4.00、6.86、9.18、11.0 的缓冲溶液中循环伏安扫描曲线的阳极段。当 pH 值为 4.00 时，从 0.3V 左右开始出现了阳极峰，随着 pH 值的增大，峰的位置向左移。此峰可能对应着反应式（3-22）。

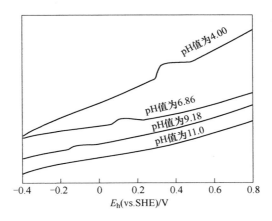

图 3-14　黄铁矿电极在不同 pH 值条件下的循环伏安扫描曲线

$$FeS_2 + 3H_2O \Longrightarrow Fe(OH)_3 + 2S + 3H^+ + 2e$$

$$E^\ominus = 0.579V$$

式（3-22）的热力学平衡电位为 0.343V，由于黄铁矿表面有 S^0 这一疏水性产物生成，导致黄铁矿上浮。在电位大于 0.6V 以后，阳极电流急剧上升，pH 值为 4.00 时，在 0.8V 左右出现了第二个阳极峰，此峰可能对应着反应式（3-23）。

$$FeS_2 + 5H_2O \Longrightarrow Fe(OH)_2 + S_2O_3^{2-} + 8H^+ + 6e$$

$$E^{\ominus} = 0.344V$$

考虑生成 $S_2O_3^{2-}$ 的过电位，上述反应在 pH 值为 4.00 时的电位约为 0.608V，与图 3-14 中 0.6V 的起始氧化电位相近。

从图 3-14 可以看到，当 pH 值为 11.00 时，第一个阳极峰消失，表明反应（3-22）减弱，S^0 的量减少了，此时黄铁矿的可浮性下降了。

图 3-15 为自然 pH 值为 6.8 和石灰调浆 pH 值为 11.0 时的电解质溶液中 FeS_2 的电化学阻抗谱图。加入石灰前后，虽然阻抗图的形状未发生改变，由单一的容抗弧组成，但有石灰存在时的容抗弧半径明显增大，此时 EIS 谱图呈现钝化特征。具体反应如下：

$$FeS_2 + 2OH^- \Longrightarrow Fe(OH)_2 + 2S^0 + 2e \qquad (3\text{-}66)$$

$$FeS_2 + 5H_2O \Longrightarrow Fe(OH)_2 + S_2O_3^{2-} + 8H^+ + 6e \qquad (3\text{-}67)$$

$$FeS_2 + 6H_2O \Longrightarrow Fe(OH)_3 + S_2O_3^{2-} + 9H^+ + 7e \qquad (3\text{-}68)$$

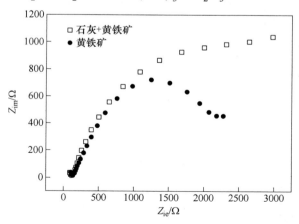

图 3-15　黄铁矿电极在石灰溶液中和自然 pH 值条件下的 EIS 谱图

以上反应生成了铁的羟基化合物，阻碍了电子的进一步传递，尤其是氧原子与黄铁矿表面的电子传递，因而 EIS 谱图呈现钝态特征。

为了考察石灰体系中黄铁矿表面的反应机理，图 3-16 为不同极化电位下黄铁矿的电化学阻抗。

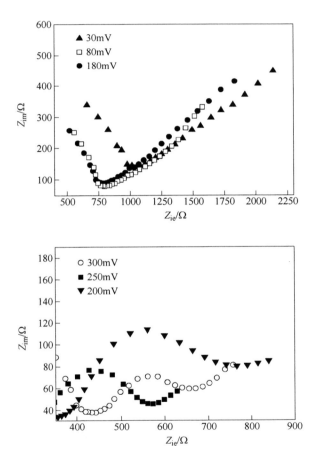

图 3-16　不同极化电位下石灰体系中黄铁矿的 EIS 谱图

从图 3-16 中可以看出，阳极极化电位在 30～300mV 范围内，容抗弧的变化较为复杂，表明电极表面的控制过程不相同。电位为

30~180mV 时，随着极化电位的增加，容抗弧半径逐渐增大，说明此时生成了铁的羟基氧化物及单质 S^0 钝化膜，此时为膜的生长控制阶段。在 200~300mV 范围内，容抗弧半径开始逐渐减小，极化阻抗减小，说明此时黄铁矿表面生成了亲水性产物，为膜的溶解控制阶段。

3.3 本章小结

（1）根据硫化矿物表面氧化的 E_h-pH 图，可以预测在不同 pH 值条件下硫化矿无捕收剂浮选的电位区间。

（2）从循环伏安测试结果可以看出，黄铜矿在酸性及近中性条件下的可浮性较好，出现了生成疏水性单质 S^0 的氧化峰；而在弱碱性条件下，Fe^{2+} 脱离黄铜矿晶格被氧化，并且随着电位升高，单质 S^0 开始氧化生成 $S_2O_3^{2-}$ 等亲水离子。因此，在碱性条件下，由于铜、铁易羟基化，黄铜矿表面是不稳定的羟基化的晶格硫，容易被氧化，可浮性迅速降低。

（3）在高碱条件下，方铅矿的可浮性较好，而闪锌矿和黄铁矿自身氧化严重，有利于优先浮选方铅矿，实现闪锌矿及黄铁矿自身氧化抑制，可以降低抑制剂的用量。

（4）在高碱条件下，组合抑制剂（Na_2SO_3+$ZnSO_4$）对闪锌矿的抑制效果最好，其主要作用机理是使得闪锌矿表面覆盖较多的 $Zn(OH)_2$ 及 $Zn_4(SO_3)(OH)_6 \cdot H_2O$ 亲水产物，因而对闪锌矿产生抑制作用；而 $CuSO_4$ 对闪锌矿的活化机理较复杂，可以认为闪锌矿表面的活化产物是一系列含铜量不同的铜的硫化物。

（5）在石灰体系中，黄铁矿表面生成了一系列铁的羟基化合物，阻碍了电子的进一步传递，尤其是氧原子与黄铁矿表面的电子传递，此时，黄铁矿的浮选受到了抑制。

第4章 难选铜铅锌硫化矿-捕收剂相互作用的电化学机理

根据混合电位模型，关于硫化矿和硫代捕收剂的作用机理前人已经做过了大量的研究，但是硫化矿与捕收剂在不同条件下生成的产物类型依然存在很多争议。并且，随着新型高效酯类捕收剂的问世，并成功运用于生产，其作用机理尚不明确。本章将进一步研究电位对于浮选的意义以及在新型酯类捕收剂体系中表面产物形成的电化学机理。

4.1 硫化矿与捕收剂作用的热力学分析

对于硫化矿浮选体系，加入捕收剂后，在矿物表面生成大量的疏水性捕收剂氧化膜而导致浮选的进行。查阅相关的热力学数据手册，计算出相应捕收剂氧化膜的生成条件，就可以预测生成疏水性产物的类型，以及硫化矿浮选分离所需的 E_h-pH 条件。

4.1.1 黄铜矿与黄铁矿分离的热力学过程

根据混合电位模型，丁黄药在黄铜矿和黄铁矿表面作用的产物主要是双黄药。对于丁黄药-水体系有如下反应发生：

$$2BX^- \Longrightarrow (BX)_2 + 2e$$

$$E_h = -0.129 - 0.059\lg[BX^-] \tag{4-1}$$

$$2HBX \Longrightarrow (BX)_2 + 2H^+ + 2e$$

$$E_h = 0.201 - 0.059\lg[HBX] - 0.059pH \qquad (4\text{-}2)$$

$$HBX \Longrightarrow H^+ + BX^-$$

$$K_a = 7.9 \times 10^{-6} \qquad (4\text{-}3)$$

参照湿法冶金中 E_h-pH 图的绘制方法，图 4-1 为 25℃ 下黄铜矿在丁黄药溶液中的 E_h-pH 图，捕收剂的浓度为 10^{-4} mol/L。图 4-1 中虚线部分代表丁黄药作用的区域。从反应（4-1）所对应的热力学计算可以看出，随着黄药浓度的增大，双黄药（BX）$_2$ 形成的热力学电位越低，越容易在黄铜矿表面形成（BX）$_2$。随着 pH 值的增大（pH 值大于 7.3），黄铜矿表面自身氧化将占主导地位，阻止黄药离子 BX$^-$ 在其表面进一步氧化形成双黄药。

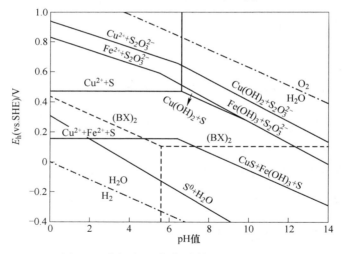

图 4-1　黄铜矿-丁黄药-水体系的 E_h-pH 图

图 4-2 为 25℃ 下黄铁矿在丁黄药溶液中的 E_h-pH 图（丁黄药的浓度为 10^{-4} mol/L）。从图 4-2 中可以看出，用丁黄药浮选黄铁矿的电位和 pH 值条件与黄铜矿类似。当 pH 值大于 8.3 时，黄铁矿的自身氧化占主导地位，用丁黄药浮选黄铁矿的 pH 值上限略高于

黄铜矿。因此，在弱碱性条件下单纯使用丁黄药很难做到将黄铜矿与黄铁矿彻底分离。

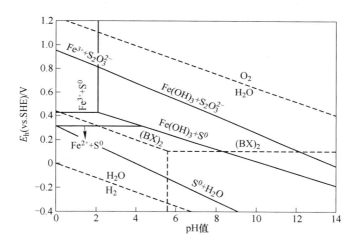

图 4-2 黄铁矿-丁黄药-水体系的 E_h-pH 图

4.1.2 方铅矿与捕收剂作用的热力学条件

根据混合电位机理，方铅矿与捕收剂作用生成的产物主要为捕收剂金属盐。绘制 E_h-pH 图时考虑方铅矿和捕收剂生成捕收剂金属盐的热力学条件。目前实际浮选工艺中常用的选铅捕收剂为硫氮类和黑药类捕收剂。首先讨论两种常用捕收剂乙硫氮（DDTC）和丁铵黑药（DTP）对方铅矿浮选的 pH 值上限，由如下反应决定：

$$Pb(DDTC)_2 + 3OH^- \rightleftharpoons HPbO_2^- + 2DDTC^- + H_2O \quad K = 10^{-10.47}$$

$$pH = 17.47 + lg[DDTC^-] \tag{4-4}$$

$$Pb(DTP)_2 + 3OH^- \rightleftharpoons HPbO_2^- + 2DTP^- + H_2O \quad K = 103.27$$

$$pH = 12.91 + lg[DTP^-] \tag{4-5}$$

取各捕收剂离子的浓度为 10^{-4} mol/L，则各捕收剂对方铅矿浮选的 pH 值上限为：DDTC：13.49；DTP：8.91。

如果以生成 Pb(DDTC)$_2$ 和 Pb(DTP)$_2$ 作为浮选电位的上限，那么由如下分解反应所决定：

$$Pb(DDTC)_2 + 2H_2O \Longrightarrow HPbO_2^- + (DDTC)_2 + 3H^+ + 2e$$

$$E_h = 1.435 - 0.0885pH \tag{4-6}$$

$$Pb(DDTC)_2 + 2H_2O \Longrightarrow Pb(OH)_2 + (DDTC)_2 + 2H^+ + 2e$$

$$E_h = 1.011 - 0.061pH \tag{4-7}$$

$$Pb(DTP)_2 + 2H_2O \Longrightarrow HPbO_2^- + (DTP)_2 + 3H^+ + 2e$$

$$E_h = 1.04 - 0.0885pH \tag{4-8}$$

$$Pb(DTP)_2 + 2H_2O \Longrightarrow Pb(OH)_2 + (DTP)_2 + 2H^+ + 2e$$

$$E_h = 1.14 - 0.061pH \tag{4-9}$$

结合下述方程绘出方铅矿-乙硫氮-水体系（实线）和方铅矿-丁铵黑药-水体系（虚线）的 E_h-pH 图（可溶物浓度取 10^{-4} mol/L），如图 4-3 所示，考虑生成 $S_2O_3^{2-}$ 有 0.5V 的过电位。

$$PbS + 2 DDTC^- \Longrightarrow Pb(DDTC)_2 + S + 2e$$

$$E_h = -0.301 - 0.059lg[DDTC^-] \tag{4-10}$$

$$2PbS + 4DDTC^- + 3H_2O \Longrightarrow 2Pb(DDTC)_2 + S_2O_3^{2-} + 6H^+ + 8e$$

$$E_h = 0.082 - 0.0295lg[DDTC^-] - 0.05pH + 0.007375lg[S_2O_3^{2-}]$$

$$\tag{4-11}$$

$$PbS + 2DTP^- \Longrightarrow Pb(DTP)_2 + S + 2e$$

$$E_h = 0.122 - 0.059lg[DTP^-] \tag{4-12}$$

$$2PbS + 4(DTP)^- + 3H_2O \Longrightarrow 2Pb(DTP)_2 + S_2O_3^{2-} + 6H^+ + 8e$$

$$E_h = 0.818 - 0.0295lg[DTP^-] - 0.05pH + 0.007375lg[S_2O_3^{2-}]$$

$$\tag{4-13}$$

$$\text{Pb(OH)}_2 = \text{HPbO}_2^- + \text{H}^+$$

$$\text{pH} = 10.36 \tag{4-14}$$

$$2\text{DTP}^- = (\text{DTP})_2 + 2e$$

$$E_h = 0.122 - 0.059\lg[\text{DTP}^-] \tag{4-15}$$

$$2\text{DDTC}^- = (\text{DDTC})_2 + 2e$$

$$E_h = -0.015 - 0.059\lg[\text{DDTC}^-] \tag{4-16}$$

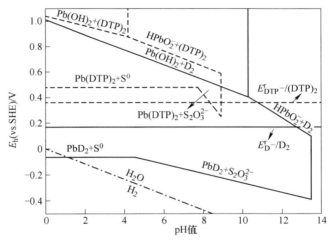

图 4-3　方铅矿-捕收剂-水体系的 E_h-pH 图

由图 4-3 可看出，丁铵黑药和乙硫氮相比，浮选 pH 值上限较低，浮选电位上限和下限均较高。从整体来看，丁铵黑药浮选方铅矿的电位区域（虚线）比乙硫氮（实线）要小，乙硫氮对方铅矿的捕收范围比丁铵黑药大。从表 1-1 可以看出，丁铵黑药对磁黄铁矿和黄铁矿表面形成疏水性二聚物的可逆电位比乙硫氮体系中形成二聚物的可逆电位要高。这表明丁铵黑药对磁黄铁矿和黄铁矿的捕收能力较乙硫氮更弱，选择性要强于乙硫氮。因此，在实际的浮选体系中，将丁铵黑药和乙硫氮组合使用选铅可以达到理想的效果。

下面详细讨论用丁铵黑药浮选方铅矿的热力学条件：

(1) 浮选 pH 值。用丁铵黑药浮选方铅矿可以在碱性条件下进行。当丁铵黑药作用浓度为 10^{-4} mol/L 时，pH 值上限为 8.91。

(2) 浮选电位。

1) 电位上限：丁铵黑药浮选方铅矿的电位上限取决于 $Pb(DTP)_2$ 的分解，分解的方式有两种：pH 值小于 4.2 时，分解产物为 $Pb(OH)_2 + (DTP)_2$；pH 值大于 4.2 时，分解产物为 $HPbO_2^- + (DTP)_2$。但浮选电位上限较高，随 pH 值增大电位上限逐渐减小。当 pH 值为 4.2~6.86 时，电位上限范围在 0.65~0.88V；当 pH 值为 6.86~8.91 时，电位上限范围为 0.59~0.65V。此外，从图4-3 中虚线部分 DTP^- 氧化为 $(DTP)_2$ 的可逆电位来看，浮选方铅矿时起作用的是黑药离子 DTP^-。为了防止 DTP^- 氧化，浮选体系必须控制在较低电位。当丁铵黑药作用浓度为 10^{-4} mol/L 时，可逆电位为 0.358V，从这个意义上说，用丁铵黑药浮选方铅矿的电位上限为：pH 值小于 8.91，电位上限 0.358V。

2) 电位下限：从 E_h-pH 图（图4-3）上可见，若认为方铅矿表面的捕收剂产物为 $Pb(DTP)_2 + S_2O_3^{2-}$，电位下限为 0.18V 左右（pH 值为 8.91 时）。因此，当丁铵黑药作用浓度 10^{-4} mol/L 时，浮选电位下限为 0.18V。

根据式 (4-5) 和式 (4-12) 可以看出，加大药剂浓度可以加大丁铵黑药浮选方铅矿的 pH 值上限，同时降低方铅矿的电位下限，但是对方铅矿的电位上限没有影响。

用乙硫氮或丁黄药浮选方铅矿时，在方铅矿表面生成的 $Pb(OH)_2$ 为主要的抑制成分，在溶液中涉及抑制的反应如下：

(1) 氢氧化铅的生成：

$$Pb^{2+} + 2OH^- \rightleftharpoons Pb(OH)_2 \qquad L_{sPb(OH)_2} = 10^{-15.1} \qquad (4-17)$$

则 $\qquad$ $pMe^{2+} = 2pH - 12.9$

（2）加入各种抑制剂后，方铅矿表面的反应如下：

$$Pb^{2+} + CrO_4^{2-} =\!=\!= PbCrO_4 \qquad L_{sPbCrO_4^{2-}} = 10^{-13.8} \qquad (4\text{-}18)$$

取 $\qquad$ $[CrO_4^{2-}] = 10^{-3} mol/L$，则 $pMe^{2+} = 10.8$。

$$Pb^{2+} + S_2O_3^{2-} =\!=\!= PbS_2O_3 \qquad L_{sPbS_2O_3} = 10^{-9.5} \qquad (4\text{-}19)$$

取 $\qquad$ $[S_2O_3^{2-}] = 10^{-3} mol/L$，则 $pMe^{2+} = 6.5$。

$$Pb^{2+} + SO_4^{2-} =\!=\!= PbSO_4 \qquad L_{sPbSO_4} = 10^{-6.2} \qquad (4\text{-}20)$$

取 $\qquad$ $[SO_4^{2-}] = 10^{-3} mol/L$，则 $pMe^{2+} = 3.2$。

$$Pb^{2+} + SO_3^{2-} =\!=\!= PbSO_3 \qquad L_{sPbSO_3} = 10^{-13.5} \qquad (4\text{-}21)$$

取 $\qquad$ $[SO_3^{2-}] = 10^{-3} mol/L$，则 $pMe^{2+} = 10.5$。

（3）根据混合电位模型，捕收剂在方铅矿表面的作用产物应该是捕收剂金属盐。取捕收剂的浓度为 10^{-4} mol/L，方铅矿与捕收剂丁黄药（KBX）、己黄药（KHeX）、乙硫氮（DDTC）的反应如下：

$$Pb^{2+} + 2BX^- =\!=\!= Pb(BX)_2 \qquad L_{sPb(BX)_2} = 10^{-18}$$
$$pMe^{2+} = 10 \qquad (4\text{-}22)$$

$$Pb^{2+} + 2HeX^- =\!=\!= Pb(HeX)_2 \qquad L_{sPb(HeX)_2} = 10^{-20.3}$$
$$pMe^{2+} = 12.3 \qquad (4\text{-}23)$$

$$Pb^{2+} + 2DDTC^- =\!=\!= Pb(DDTC)_2 \qquad L_{sPb(DDTC)_2} = 10^{-22.85}$$
$$pMe^{2+} = 14.85 \qquad (4\text{-}24)$$

图 4-4 是 Pb^{2+} 和抑制剂及捕收剂之间的 pMe^{2+}-pH 图（为了方便计算，pMe^{2+} 表示对 Pb^{2+} 的浓度对数取负值）。

从图 4-4 可见，当用丁黄药作捕收剂，浓度为 10^{-4} mol/L 时，10^{-3} mol/L 的硫代硫酸盐不能抑制方铅矿的浮选，但是 10^{-3} mol/L 的亚硫酸盐和重铬酸盐能抑制方铅矿。众所周知，亚硫酸盐也是闪

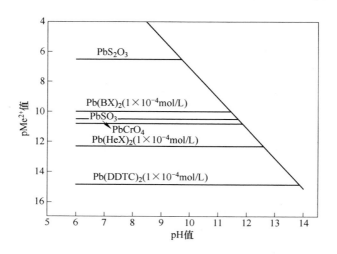

图 4-4 不同浮选剂同方铅矿竞争作用的双对数图

锌矿的抑制剂，要想抑制闪锌矿的同时，方铅矿不受到抑制，可以将丁黄药的浓度增到高于 10^{-3} mol/L（但成本较高，对环境不友好），或者延长烃链，如己基黄药，也可以换用其他的选铅捕收剂，如乙硫氮或采用组合药剂。

4.1.3　闪锌矿与捕收剂作用的热力学条件

在用选铅捕收剂优先浮选方铅矿时，如何抑制闪锌矿，是铅锌硫化矿优先浮选的关键。根据混合电位模型，捕收剂在闪锌矿表面的作用产物应该是捕收剂金属盐。首先根据电化学原理确定黑药浮选闪锌矿的 pH 值上限（临界 pH 值）。

前面的分析结果表明，对闪锌矿浮选起抑制作用的主要组分是 $Zn(OH)_2$，在溶液中存在两个涉及浮选和抑制的反应：

$$Zn^{2+} + 2DTP^- \Longrightarrow Zn(DTP)_2 \qquad L_{sZn(DTP)_2} = 10^{-4.92} \qquad (4-25)$$

则 $$pMe^{2+} = -3.08$$

$$Zn^{2+} + 2OH^- \rightleftharpoons Zn(OH)_2 \qquad L_{sZn(OH)_2} = 10^{-16.2} \qquad (4-26)$$

则 $$2pH - pMe^{2+} = 11.8$$

$$Pb^{2+} + 2(DTP)^- \rightleftharpoons Pb(DTP)_2 \qquad L_{sPb(DTP)_2} = 10^{-11.66} \qquad (4-27)$$

则 $$pMe^{2+} = 3.66$$

$$Pb^{2+} + 2OH^- \rightleftharpoons Pb(OH)_2 \qquad L_{sPb(OH)_2} = 10^{-15.2} \qquad (4-28)$$

则 $$2pH - pMe^{2+} = 12.8$$

当黑药浓度为 10^{-4} mol/L 时，绘出 Zn^{2+} 和 Pb^{2+} 与黑药作用的化学吸附双对数图，如图 4-5 所示（为了方便计算，pMe^{2+} 表示对 Me^{2+} 的浓度对数取负值）。

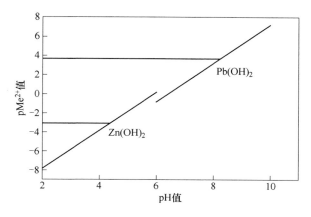

图 4-5 黑药与 Pb^{2+}、Zn^{2+} 作用化学吸附双对数图

由图 4-5 可见，Pb^{2+} 和黑药作用所需要的浓度比 Zn^{2+} 要低；生成 $Pb(DTP)_2$ 的 pH 值上限为 8.23（与前面分析的结果相近），生成 $Zn(DTP)_2$ 的 pH 值上限为 4.36，因此用黑药浮选闪锌矿，临界 pH 值为 4.36（[DTP] = 10^{-4} mol/L）。

硫化矿浮选的临界 pH 值随捕收剂浓度的升高而升高，在利于方铅矿浮选的 pH 值（例如 pH 值为 8.23）时，要实现黑药对闪锌矿的浮选，下面研究黑药的浓度要达到多少。

图 4-6 是 Pb^{2+} 和 Zn^{2+} 与 DTP^- 浓度之间的 pMe^{2+}-$pDTP^-$ 图（为了方便计算，pMe^{2+} 和 $pDTP^-$ 表示对 Me^{2+} 和 DTP^- 的浓度对数取负值）。

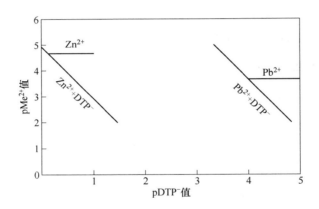

图 4-6　金属离子和药剂离子浓度双对数图

图 4-6 涉及的热力学平衡关系为：

$$pPb^{2+} = pL_{sPb(DTP)_2} - 2pDTP^- \tag{4-29}$$

$$pZn^{2+} = pL_{sZn(DTP)_2} - 2pDTP^- \tag{4-30}$$

图 4-6 表明，在 pH 值为 8.23 的碱性介质中，DTP^- 浓度达到 $10^{-4}mol/L$ 左右即可实现方铅矿的浮选；要实现对闪锌矿的浮选，黑药的理论用量应该达到 $10^{-0.13}mol/L$，这显然是不现实的。

综上所述，在碱性体系（pH 值大于 8.23）中，在控制电位（小于 0.358V）下用黑药优先浮选方铅矿，闪锌矿也将处于抑制状态。

用丁黄药浮选闪锌矿,当药剂浓度为 10^{-4}mol/L 时,溶液中存在以下两个涉及浮选和抑制的反应:

$$Zn^{2+} + 2BX^- \Longrightarrow Zn(BX)_2 \qquad L_{sZn(BX)_2} = 10^{-10.43} \qquad (4\text{-}31)$$

则
$$pMe^{2+} = 2.43$$

$$Zn^{2+} + 2OH^- \Longrightarrow Zn(OH)_2 \qquad L_{sZn(OH)_2} = 10^{-16.2} \qquad (4\text{-}32)$$

则
$$2pH - pMe^{2+} = 11.8$$

根据式(4-31)和式(4-32)的计算结果得出,生成 $Zn(BX)_2$ 的临界 pH 值为 7.11。如果要在高碱条件下浮选方铅矿(例如 pH 值为 11.0)时,同时要实现丁黄药对闪锌矿的浮选,根据式(4-31)可以计算出丁黄药的理论用量应达到 $10^{-0.115}$mol/L,这显然也难以实现。

前面的研究结果表明,如果以 $CuSO_4$ 活化闪锌矿,则闪锌矿表面处于 Cu_2S 和 CuS 共存的状态,再用丁黄药进行浮选,体系中发生的反应有:

$$2Cu_2S + 4BX^- + 3H_2O \Longrightarrow 4CuBX + S_2O_3^{2-} + 6H^+ + 8e$$

$$E_h = 0.147 - 0.0295lg[X^-] - 0.044pH + 0.007375lg[S_2O_3^{2-}]$$

$$(4\text{-}33)$$

$$2CuS + 4BX^- + 3H_2O \Longrightarrow 2Cu(BX)_2 + S_2O_3^{2-} + 6H^+ + 8e$$

$$E_h = 0.318 - 0.0295lg[X^-] - 0.044pH + 0.007375lg[S_2O_3^{2-}]$$

$$(4\text{-}34)$$

$$2CuBX + 4H_2O \Longrightarrow 2Cu(OH)_2 + (BX)_2 + 4H^+ + 4e$$

$$E_h = 0.89 - 0.059pH \qquad (4\text{-}35)$$

$$Cu(BX)_2 + 2H_2O \Longrightarrow Cu(OH)_2 + (BX)_2 + 2H^+ + 2e$$

$$E_h = 0.85 - 0.059pH \tag{4-36}$$

$$2CuBX + 4H_2O \Longrightarrow 2CuO_2^{2-} + (BX)_2 + 8H^+ + 4e$$

$$E_h = 1.8 - 0.118pH + 0.0295lg[CuO_2^{2-}] \tag{4-37}$$

$$Cu(BX)_2 + 2H_2O \Longrightarrow CuO_2^{2-} + (BX)_2 + 4H^+ + 2e$$

$$E_h = 2.85 - 0.118pH + 0.0295lg[CuO_2^{2-}] \tag{4-38}$$

$$CuBX + 4OH^- \Longrightarrow CuO_2^{2-} + BX^- + 2H_2O$$

$$K = 1.45 \times 10^{-6} \tag{4-39}$$

$$lg[OH^-] = 1/4(lg[X^-][CuO_2^{2-}] - lgK)$$

$$Cu(OH)_2 \Longrightarrow CuO_2^{2-} + 2H^+ \quad K = 1.57 \times 10^{-31} \tag{4-40}$$

结合上述方程绘出闪锌矿-丁黄药-$CuSO_4$体系的 E_h-pH 图 (可溶物浓度取 $10^{-4}mol/L$), 如图 4-7 所示 (实线部分为活化产物 Cu_2S 与丁黄药作用的区域, 虚线部分为活化产物 CuS 与丁黄药作用的区域)。

从图 4-7 可以看出, 在高碱条件下 (pH 值为 11) 优先浮选方铅矿的尾矿中进一步浮选闪锌矿, 在用 $CuSO_4$ 活化之后, 采用丁基黄药可以做到, 上述矿浆环境也正是丁基黄药浮选闪锌矿的适宜环境, 其中表面疏水产物主要为 CuBX 和 $Cu(BX)_2$。考虑生成 $S_2O_3^{2-}$ 的过电位, 当疏水产物为 CuBX 时, 丁黄药浮选闪锌矿的电位区域为 $0.075 < E_h < 0.516$; 当疏水产物为 $Cu(BX)_2$ 时, 丁黄药浮选闪锌矿的电位区域为 $0.186 < E_h < 0.524$。

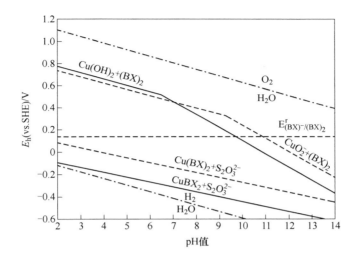

图 4-7 闪锌矿-丁黄药-$CuSO_4$体系的 E_h-pH 图

4.2 硫化矿与捕收剂作用的电化学研究

4.2.1 黄铜矿-酯类捕收剂（LP-01）-水体系

之前的热力学研究结果表明，在弱碱性条件下单纯使用丁黄药很难做到将黄铜矿与黄铁矿彻底分离。因此，对于硫化铜矿石，研制中性或低碱性矿浆中对铜矿物有强捕收能力和高选择性的捕收剂尤为重要，近年来江西理工大学围绕这一思路开发了一系列对铜矿物选择性强的酯类捕收剂，并获得较好铜硫浮选分离指标。本节通过电化学测试详细研究了新型酯类捕收剂 LP-01 对黄铜矿的选择性捕收作用机理，为进一步指导生产实践奠定基础。

图 4-8 为 pH 值为 6.86、9.18 和 11.0 的缓冲溶液中，黄铜矿

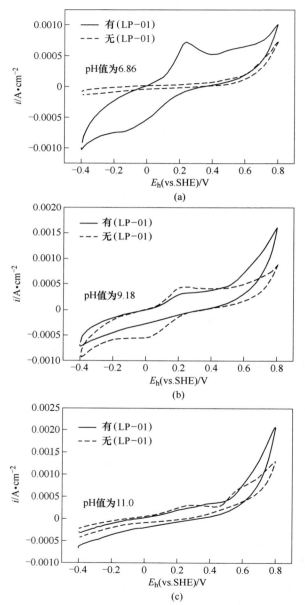

图 4-8　黄铜矿电极在不同 pH 值条件下与（LP-01）作用的循环伏安曲线

电极与实验室合成的新型酯类捕收剂（LP-01）作用的循环伏安扫描曲线。在 pH 值为 6.86 时，加入 LP-01 之后，从 0V 左右开始氧化出现了一个新的氧化峰，这可能对应于新的疏水产物 Cu(LP-01) 结合物的生成。并且，有捕收剂时的氧化峰电流比无捕收剂时的氧化峰电流要大很多，说明 LP-01 的加入对黄铜矿表面的氧化反应有一定的促进作用。阴极扫描过程中，在 $-0.2 \sim -0.1$V 出现了明显的阴极峰，该峰与产物 Cu(LP-01) 的还原是相对应的。在 pH 值为 9.18 时，黄铜矿表面生成 Cu(LP-01) 的氧化峰电流明显减小了，这说明随着反应的进行，黄铜矿表面生成了越来越多的疏水性捕收剂氧化膜覆盖在其表面，Fe^{2+} 逐渐脱离黄铜矿晶格，进一步氧化生成 $Fe(OH)_3$，如反应（3-7）所示，黄铜矿的氧化速度变得缓慢了。但是在 pH 值为 11.0 的高碱条件下，生成疏水性产物 Cu(LP-01) 的氧化峰消失了，黄铜矿自身的氧化峰电流急剧增大。说明在高碱条件下，LP-01 的加入并没有阻止黄铜矿自身的进一步氧化，对黄铜矿的捕收能力下降了。

在实际的电化学浮选工艺中，电位 E_h-pH-捕收剂浓度 c 三个参数的耦合才是浮选的关键，接下来将进一步研究捕收剂 LP-01 的浓度对黄铜矿腐蚀和黄铜矿/水溶液界面的影响。黄铜矿电极在 pH 值为 9.18 的 LP-01 溶液中测得的极化曲线如图 4-9 所示。

如果定义缓蚀效率（η）：

$$\eta = \frac{R_{p'} - R_p}{R_{p'}} \qquad (4-41)$$

式中，R_p 和 $R_{p'}$ 分别表示水体系和捕收剂体系中矿物的极化阻抗，极化阻抗越大，黄铜矿表面的反应越难进行。那么，缓蚀效率 η 越大，黄铜矿与捕收剂的作用越强。腐蚀电位 E_{corr}、腐蚀电流密度 I_{corr} 和极化阻抗 R_p 直接由 Powersuit 软件拟合给出，有关数据见表 4-1。

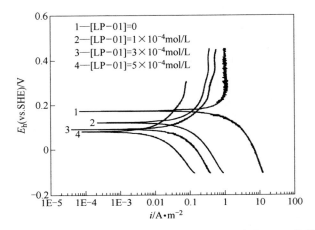

图4-9 黄铜矿电极在不同浓度的 LP-01 溶液中的 Tafel 曲线

表4-1 不同浓度的 LP-01 溶液中黄铜矿电极的 Tafel 参数

捕收剂	$c/\text{mol} \cdot \text{L}^{-1}$	$\eta/\%$	$R_p/\text{k}\Omega$	E_{corr}/V	$I_{corr}/\text{A} \cdot \text{m}^{-2}$
	0	—	8.508	0.1745	0.45
LP-01	10^{-4}	25.26	10.77	0.1434	0.031
	3×10^{-4}	34.45	12.98	0.0988	0.016
	5×10^{-4}	37.07	13.52	0.0838	0.003

从图4-9和表4-1可以看出，随着捕收剂浓度的增大，黄铜矿的腐蚀电位 E_{corr} 和腐蚀电流密度 I_{corr} 明显负移。同时，极化阻抗和缓蚀效率在逐渐增大。这可能是由于不导电的疏水性产物 Cu(LP-01) 生成并覆盖在黄铜矿的表面产生了钝化作用，使得黄铜矿表面电阻增大。并且，黄铜矿与 LP-01 的作用是随着药剂浓度的增加而逐渐增强的。在 LP-01 浓度为 10^{-4} mol/L 时，黄铜矿表面的腐蚀电流密度为 0.031A/m²，此时的腐蚀电流密度也是交换电流密度。

图 4-10 为 pH 值为 9.18 时，不同 LP-01 浓度下黄铜矿的 EIS 谱图。从图 4-10 中可以看到，黄铜矿-（LP-01）体系存在两个容抗弧，高频容抗弧代表着电极表面与溶液双电层的充放电弛豫过程，低频容抗弧主要由电极表面 LP-01 离子特征吸附引起，在 LP-01 体系中黄铜矿表面的反应如下：

$$Cu^{2+} + e \Longrightarrow Cu^+$$
$$E^\ominus = 0.59V \tag{4-42}$$
$$Cu_2S + 2(LP\text{-}01)^- \Longrightarrow 2Cu(LP\text{-}01) + S + 2e$$
$$E^\ominus = 0.45V \tag{4-43}$$

从图 4-10 中可以看出，高频容抗弧是由电子的传递引起的（见式（4-42）），低频容抗弧是由 LP-01 的吸附和解吸引起的。随着捕收剂 LP-01 浓度的增大，高频容抗弧的半径也在逐渐增大，表明黄铜矿表面捕收剂膜在增厚，导致阻抗的增大，阻碍了 Cu^{2+} 进一步被还原。

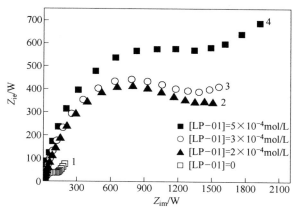

图 4-10　黄铜矿在不同浓度 LP-01 中的 EIS 图谱

为了确定黄铜矿/捕收剂界面随电位变化的关系，以下采用交流阻抗法进一步研究界面结构随电位的变化。

图 4-11 为不同极化电位下 LP-01 对黄铜矿作用的 EIS 图谱。

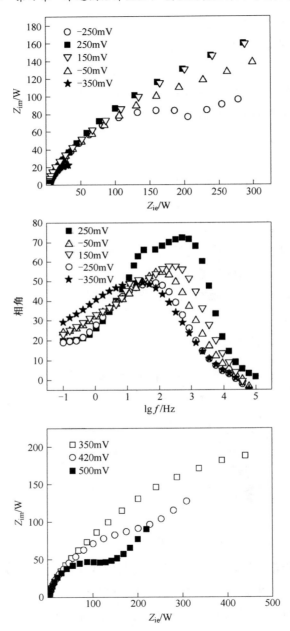

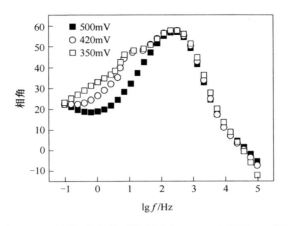

图 4-11 不同极化电位下黄铜矿与 LP-01 作用的 EIS 图谱

结果表明：（1）当电位处于 -350mV 时容抗弧很小，仅有一个低频角，代表着捕收剂与黄铜矿在阳极过程刚开始发生吸附。Woods 认为，低电位下这种吸附是一个热力学优先过程。这是捕收剂与硫化矿表面"剩余键"的化学吸附，它仅仅是一种体相沉积，区别于电化学反应所形成的捕收剂金属盐。（2）当电位处于 50~150mV 时，容抗弧显著增大。说明在此电位下，捕收剂与矿物在阳极发生了电化学反应，开始形成了"膜"。随着极化电位的增大，容抗弧也在逐渐增大，界面电阻急剧增大，当电位为 150mV 时，电阻几乎达到最大值，这预示着 LP-01 的氧化作用在不断增强，Cu(LP-01)、S^0 等疏水产物不断在电极表面沉积，这是膜的生长阶段。继续将电位增大到 250mV，电阻变化不大。从相角变化来看，-50mV 时低频端开始呈现双相角，该电位大约对应于循环伏安曲线（见图 4-8 中实线）阳极峰的起始电位，电极表面开始形成氧化产物 Cu(LP-01) 覆盖。（3）350mV 以后，容抗弧的半径逐渐减小，界面电阻减小，这个过程与钝化膜中 Cu(LP-01) 的分解过程有关，此时钝化膜脱落，S^0氧化成$S_2O_3^{2-}$，属于阳极溶解控制阶段。从相角变化看来，350~500mV 正好对应于循环伏安曲线中（见图 4-8 中实线）阳极峰的钝化区。尽管相角呈现钝化状态，但是在低频端仍然可以看到两个相角，表明疏水膜并没有覆盖整个黄铜矿电极表面。当电位增大到 500mV 后，Bode 相角图呈现单一的相角，疏水膜完全破裂，黄铜矿自身发生深度氧化，黄铜矿电极过程处于电化学控制阶段。

在 pH 值为 9.18 时，黄铜矿在 LP-01 体系中形成疏水性膜的电位范围为-250~250mV，最大回收率对应的电位在 150mV 的附近。

4.2.2　黄铁矿与酯类捕收剂（LP-01）作用的电化学机理

黄铁矿复合电极在 10^{-4}mol/L 的捕收剂 LP-01 中的循环伏安曲线如图 4-12 所示。

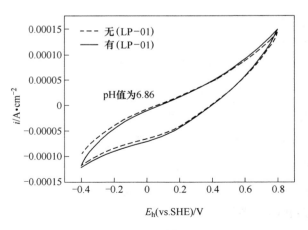

(a)

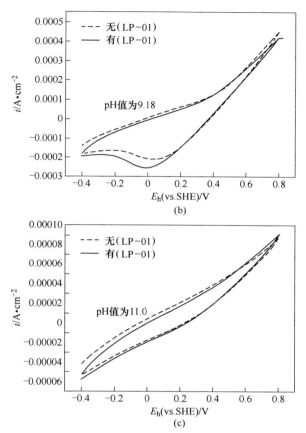

图 4-12　黄铁矿电极在不同 pH 值条件下与 LP-01 作用的循环伏安曲线

从图 4-12 可看出，在黄铁矿体系中加入捕收剂 LP-01，所得循环伏安曲线的形状并未发生改变，特别是在不同 pH 值下的起始氧化电位与未加入 LP-01 时一样，说明捕收剂 LP-01 未能改变黄铁矿表面发生氧化的条件，在整个 pH 值范围内 LP-01 对黄铁矿的捕收能力较弱。当 pH 值为 9.18 时，加入捕收剂 LP-01 后，阴极过程的还原峰略有增大，说明在弱碱性条件下，LP-01 的加入使得黄铁矿表面的亲水产物反而增多了，降低了其可浮性。通过以上这些测试结果可以验证，在中性及弱碱性条件下用 LP-01 作捕收剂浮选黄铜矿，其选择性比黄药要好，不需要在碱性条件下抑制黄铁矿。

图 4-13 为黄铁矿在有无 LP-01 及不同 pH 值条件下的 Tafel 极化曲线。当 pH 值为 6.86 时，比较曲线 1 和曲线 3，捕收剂 LP-01 的加入使得腐蚀电位 E_{corr} 明显正移，阳极的腐蚀电流密度加大，极化电阻变小，表现出与黄铜矿完全不同的腐蚀特征。曲线 3 的阳极斜率明显大于阴极斜率，参照 E_h-pH 图，这是由于在该电位（0.18V）下黄铁矿的腐蚀产物 Fe(OH)$_3$ 等产生的钝化作用造成的。当 pH 值增大为 9.18 时，此时的腐蚀电位 E_{corr} 减小为 0.12V，腐蚀电位及腐蚀电流变小的原因可能是：在碱性条件下黄铁矿腐蚀反应产物更容易在矿物表面形成氢氧化物沉淀，阻碍了 LP-01 在其表面电化学反应的进行。

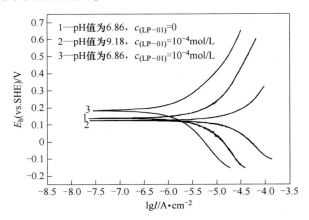

图 4-13　黄铁矿电极在 LP-01 溶液中的 Tafel 曲线

4.2.3　方铅矿-丁铵黑药（DTP）-水体系

图 4-14 是方铅矿电极在有无丁铵黑药存在（10^{-4} mol/L）时，在不同 pH 值溶液中的循环伏安扫描曲线。由图 4-14 可知：

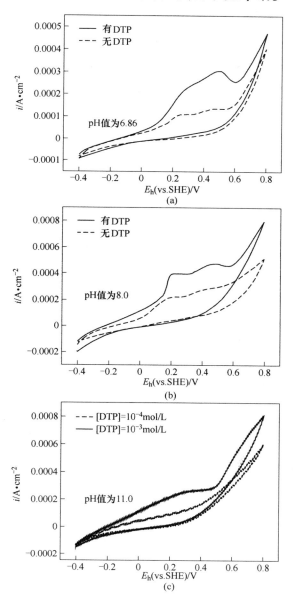

图 4-14 方铅矿电极在不同 pH 值条件下与丁铵黑药作用的循环伏安曲线

（1）当 pH 值为 6.86 时，方铅矿的自身氧化产物为 Pb^{2+} 和元素 S，由于体系中 $Pb(DTP)_2$ 的生成和方铅矿的氧化同时进行，$Pb(DTP)_2$ 的生成反应包括一个主反应和一个子反应，见式（4-12）和式（4-27）。

$$PbS + 2DTP^- \Longrightarrow Pb(DTP)_2 + S + 2e$$
$$E^\ominus = 0.122V \tag{4-12}$$
$$Pb^{2+} + 2DTP^- \Longrightarrow Pb(DTP)_2 \tag{4-27}$$

经过计算，该反应的热力学电位为 0.358V，与该 pH 值条件下的氧化峰电位相符。由此可见，因自身氧化而形成的元素 S 则可能是表面疏水作用的有效成分之一。

（2）当 pH 值为 8.0 时，在扫描电位上限情况下，方铅矿自身的氧化产物为 $S_2O_3^{2-}$ 和 PbO，因下述反应而形成的 $Pb(DTP)_2$ 将进一步对表面疏水产生积极作用：

$$PbO + 2DTP^- + 2H^+ \Longrightarrow Pb(DTP)_2 + H_2O \tag{4-44}$$

由此就电极表面来说，此时含铅组分 $Pb(DTP)_2$ 的量将超过因反应（4-12）而形成的元素 S 的量。

（3）在 pH 值为 11.0 的高碱介质中，随着正向扫描的进行，方铅矿自身的氧化阻碍了丁铵黑药在其表面的吸附，未观测到生成 $Pb(DTP)_2$ 的氧化峰；但是将捕收剂的浓度增大到 10^{-3} mol/L，在 0.3V 左右的位置观测到了新的氧化峰，表明增大捕收剂的浓度能够抑制方铅矿的自身氧化，提高了方铅矿浮选的 pH 值上限。在高电位下方铅矿的氧化产物为 $S_2O_3^{2-}$，此时，生成 $Pb(DTP)_2$ 的反应见式（4-13）：

$$2PbS + 4DTP^- + 3H_2O \Longrightarrow 2Pb(DTP)_2 + S_2O_3^- + 6H^+ + 8e$$
$$E_h = 0.818 - 0.0295\lg[DTP^-] - 0.05pH + 0.007375\lg[S_2O_3^{2-}]$$

该反应的热力学电位为 0.312V，该 pH 值条件下起始氧化峰电位与此相符。

图 4-15 为方铅矿电极在 pH 值为 11.0 的丁铵黑药溶液中测得的极化曲线。从图 4-15 中可以看出，当丁铵黑药的浓度为 10^{-4} mol/L 时，捕收剂作用前后的 Tafel 曲线变化很微弱，表明此时丁铵黑药对方铅矿的捕收作用不明显。但是当捕收剂浓度增大到 10^{-3} mol/L，方铅矿电极的腐蚀电流和腐蚀电位逐渐下降，并且在曲线阳极区域出现了相应的氧化峰，表明此时增大丁铵黑药的浓度能够增强对方铅矿的缓蚀作用。

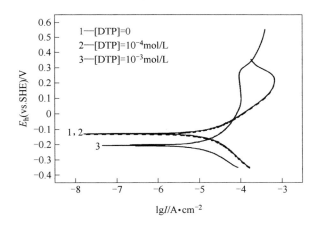

图 4-15　方铅矿电极在丁铵黑药溶液中的 Tafel 曲线

从图 4-16 也可以看出，当捕收剂浓度较低时，方铅矿 EIS 图谱上容抗弧半径，即表面阻抗与无捕收剂时基本上没有变化。增大捕收剂的浓度，容抗弧半径逐渐增大，表面阻抗增大，表明丁铵黑药与方铅矿表面逐渐产生了作用。即高碱条件下（pH 值为 11.0），高浓度的丁铵黑药可以保持对方铅矿的捕收能力。

4.2.4　闪锌矿在高碱介质中与捕收剂的作用

闪锌矿复合电极在 pH 值为 11.0 的高碱性条件下，加入乙硫

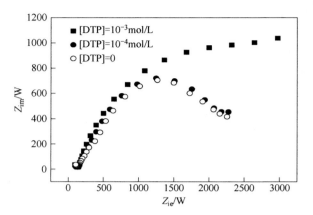

图 4-16　方铅矿电极与丁铵黑药作用的 EIS 图谱

氮 DDTC 或丁铵黑药 DTP 后的循环伏安曲线如图 4-17 所示。

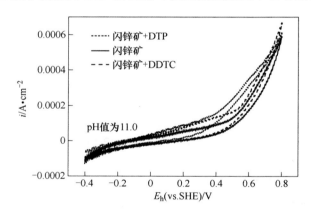

图 4-17　闪锌矿与捕收剂作用的循环伏安曲线

由图 4-17 可见，在 pH 值为 11.0，扫描电位上限为 0.8V 的情况下，加入捕收剂之后，既没有改变闪锌矿循环伏安曲线的形状也没有产生新的氧化峰，表明此时闪锌矿自身强烈氧化所形成的氧化产物阻滞了捕收剂在其表面的吸附。

通过以上这些测试结果，可以验证在碱性条件下用丁铵黑药和乙硫氮作捕收剂，可以达到抑锌浮铅的效果。

图 4-18 是在 pH 值为 11.0 的高碱介质中，先加入 10^{-4} mol/L CuSO$_4$ 对闪锌矿进行活化，然后加入 5×10^{-4} mol/L 丁黄药后测得的闪锌矿循环伏安扫描曲线（扫描电位上限为 0.8V）。

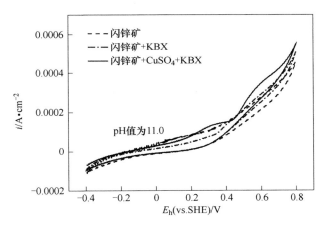

图 4-18　经 CuSO$_4$ 活化后的闪锌矿在丁黄药体系中的循环伏安曲线

从图 4-18 中可以看出，在高碱条件下只添加 KBX 并未改变闪锌矿循环伏安曲线的形状，但是经 CuSO$_4$ 活化之后再加入 KBX，曲线的形状发生了变化，大约在 0.2V 和 0.43V 开始出现了新的氧化电位，分别对应于 KBX 对活化的闪锌矿的捕收反应，见式（4-33）和式（4-34）：

$$2Cu_2S + 4BX^- + 3H_2O \Longrightarrow 4CuBX + S_2O_3^{2-} + 6H^+ + 8e \quad E^{\ominus} = 0.147V$$

$$2CuS + 4BX^- + 3H_2O \Longrightarrow 2Cu(BX)_2 + S_2O_3^{2-} + 6H^+ + 8e$$

$$E^{\ominus} = 0.318V$$

考虑生成 $S_2O_3^{2-}$ 的过电位，以上计算出的热力学平衡电位分别为 0.493V 和 0.206V，与测得的起始峰电位接近。该结果表明，闪锌矿表面的活化组分使得闪锌矿在 pH 值为 11.0、0.206V < E_h < 0.493V

的情况下可以用丁黄药浮选。

4.3　本章小结

（1）热力学研究表明：丁黄药在黄铜矿和黄铁矿表面形成的疏水性产物为二聚物 X_2，并且二者的浮选电位和 pH 值条件类似，难以做到彻底分离；丁铵黑药在方铅矿表面以捕收剂金属盐为主，加大丁铵黑药浓度，可以提高方铅矿浮选的 pH 值上限；经 $CuSO_4$ 活化后的闪锌矿，可以用丁黄药对其捕收，表面疏水产物主要为 CuBX 和 $Cu(BX)_2$。

（2）在黄铜矿优先浮选过程中，在 $pH(8.0 \sim 9.18)$-$E_h(0.15 \sim 0.20V)$ 的中碱性条件下用 LP-01 捕收黄铜矿效果最佳。随着捕收剂 LP-01 浓度的增加，黄铜矿的腐蚀电位和腐蚀电流减小，同时极化阻抗逐渐增大，这表明黄铜矿表面有新的氧化产物生成。不同 LP-01 浓度下黄铜矿的 EIS 图谱表明，LP-01 在黄铜矿表面的吸附经历了几个步骤的变化，这些变化都与极化电位有关联。当 pH 值为 9.18 时，黄铜矿在 LP-01 体系中形成疏水性膜的电位范围为 $-250 \sim 250mV$，最大回收率对应的电位在 150mV 附近。

（3）黄铁矿则表现出了和黄铜矿完全不同的腐蚀特征，其原因是碱性条件下黄铁矿腐蚀反应产物更容易在矿物表面形成氢氧化物沉淀，阻碍了 LP-01 在其表面电化学反应的进行。

（4）使用丁铵黑药从选铜尾矿中进一步优先浮选方铅矿，较佳的 pH 值范围是 pH 值（11.0 ~ 11.5）的高碱条件。并且，增大捕收剂的浓度能够阻止方铅矿的自身氧化，提高了方铅矿浮选的 pH 值上限。

（5）电化学研究结果与热力学分析结果基本一致，经 $CuSO_4$ 活化后的闪锌矿在 pH 值为 11.0 左右、$0.206V < E_h < 0.493V$ 情况下可以用丁黄药浮选。

第5章 铜铅锌硫化矿物浮选的电极过程动力学研究

热力学分析和循环伏安测试结果表明，硫化矿物由于其表面氧化及与捕收剂在其表面作用会发生一系列电化学反应，本章将进一步研究矿物与捕收剂作用的电化学动力学行为。电化学动力学方程和动力学参数是硫化矿物浮选分离的基础，能够定量地判定硫化矿表面产物的吸附程度及氧化速率大小。

5.1 黄铜矿在有无捕收剂条件下表面作用的电极过程

5.1.1 无捕收剂条件下黄铜矿表面作用的电极过程

在电位阶跃实验中，恒电位仪在特定的时间内将向电极施加一个恒定的电位，并记录电极电流密度的变化情况，这种方法常用于研究电极的动力学。

对于一个简单的电化学反应：

$$R \longrightarrow O + ne \tag{5-1}$$

反应（5-1）的过电位与反应时间的关系可由式（5-2）确定：

$$\eta = \frac{-2.303RT}{\beta nF} \lg i_0 + \frac{2.303RT}{\beta nF} \lg i_{t \to 0} \tag{5-2}$$

式中，η 为反应过电位；T 为反应时的温度；i_0 为交换电流密度；t 为反应时间；$i_{t \to 0}$ 为某一个电位下完全无浓差极化的电流密度；β 为反应的传递系数；F 为法拉第常数。

η-$\lg i_{t\to 0}$ 关系曲线遵循 Tafel 关系，由曲线斜率及截距计算参数 i_0 和 η。

图 5-1 为黄铜矿电极在不同电位值下的恒电位阶跃实验时的电流密度-时间关系，在图 5-1 中选取适当的时间范围，作 $i - (-t^{0.5})$ 为直线如图 5-2 所示。

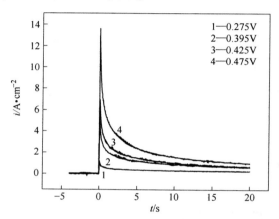

图 5-1　黄铜矿不同电位阶跃时电流密度与时间的关系

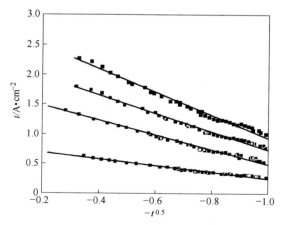

图 5-2　黄铜矿电极恒电位阶跃时电流 $i - (-t^{0.5})$ 关系

将不同电位阶跃下的 $i_{t\to 0}$ 值求出来，并作 $\eta\text{-}\lg i_{t\to 0}$ 曲线，如图 5-3 所示。

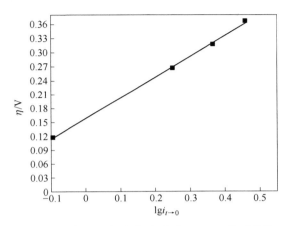

图 5-3　黄铜矿电极电位阶跃时 $\eta\text{-}\lg i_{t\to 0}$ 关系曲线

求出图 5-3 曲线的斜率 0.158，截距为 0.267，结合式（5-2）可建立黄铜矿电极在 pH 值为 9.18 的水溶液中氧化的动力学方程：

$$\eta = 0.158 + 0.4448\lg i_{t\to 0} \qquad (5\text{-}3)$$

可求出 $i_0 = 4.42 \times 10^{-1} A/m^2$。

5.1.2　酯类捕收剂（LP-01）在黄铜矿表面作用的电极过程

在恒电位试验中，恒电位仪向电极施加一个固定电压值，阶跃一段时间，记录电流密度的变化。因此可以研究电极过程和确定捕收剂 LP-01 的扩散系数。

图 5-4 所示为 pH 值为 9.18 条件下，分别对 LP-01 体系中黄铜矿电极施加偏离平衡电位 0.217V、0.267V、0.317V、0.367V 恒电位时，电流密度随时间的变化结果。

同理，如图 5-5 所示可以求得黄铜矿电极在 pH 值为 9.18 时的

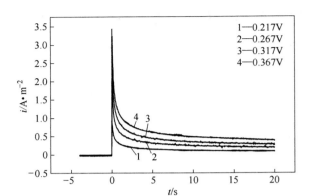

图 5-4 黄铜矿不同电位阶跃时电流密度与时间的关系

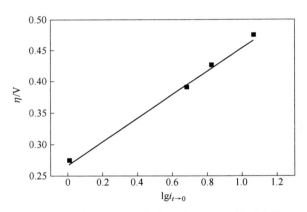

图 5-5 黄铜矿电极电位阶跃时 η-$\lg i_{t\to 0}$ 关系曲线

捕收剂 LP-01 溶液中氧化的动力学方程为：

$$\eta = 0.267 + 0.186 \lg i_{t\to 0} \tag{5-4}$$

结合公式（5-2）可求出，$i_0 = 3.69 \times 10^{-2} \text{A/m}^2$，与前面 Tafel 法求得的结果较为相近，说明实验结果的准确性较高。

与无捕收剂条件下求得的交换电流密度进行比较，加入捕收剂 LP-01 后，交换电流密度从 0.442A/m^2 下降到了 0.037A/m^2。这可能是由于大量的疏水性氧化产物 Cu(LP-01) 吸附在黄铜矿的表面，导致了极化阻抗的增大。这与前一章 Tafel 法验证的结果是相一致的。因此，LP-01 对黄铜矿有较好的捕收能力得到了进一步的证实。

对于一个电解质体系的电化学反应，可以作以下假设：

（1）反应物的扩散遵循 Fick 第二定律，由反应物扩散引起的电流与电极的表观面积成正比。

（2）电极过程受反应物扩散控制。

（3）忽略电迁移与对流的存在。

边界条件也可以约定如下：

（1）电极过程开始前，体系浓度等于 LP-01 初始浓度，即 $c_x(x, 0) = c_x^0$。

（2）离电极表面无限远处，体系 LP-01 的浓度等于 LP-01 的初始浓度，即 $c_x(x, 0) = c_x^0$。

（3）电极表面捕收剂浓度为零，即 $c_x(x, 0) = c_x^0$。

由于扩散引起的电流密度可由式（5-5）确定：

$$i = nFD \left[\frac{\partial c_0(x, t)}{\partial x} \right]_{x=0} \tag{5-5}$$

根据 Fick 第二定律，可得到式（5-6）和式（5-7）。

$$c_x(x, t) = c_x^0 \mathrm{erf}\left(\frac{x}{2\sqrt{Dt}} \right) \tag{5-6}$$

$$i = nFD \frac{c_x^0}{\sqrt{\pi Dt}} = nFc_x^0 \sqrt{\frac{D}{\pi t}} \tag{5-7}$$

式中，D 为捕收剂 LP-01 在黄铜矿电极表面的扩散系数；c_x^0 为 LP-01 的初始浓度；t 为反应时间；n 为反应的电子数。

电位值的选取尽量避免黄铜矿表面的过度氧化，选取值

（vs. SHE）为 0.217V。因此，对图 5-4 中曲线 1 选取适当的时间范围，i^{-1}-$t^{0.5}$ 在捕收剂 LP-01 溶液体系中近似为一直线，如图 5-6 所示。

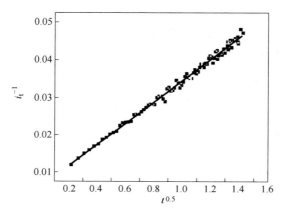

图 5-6 黄铜矿恒电位阶跃时电流 i^{-1}-$t^{0.5}$ 关系

可以求得黄铜矿电位阶跃试验所得到的电流-时间关系式：

$$i_t^{-1} = 0.00593 + 0.02863\, t^{0.5} \tag{5-8}$$

根据式（5-7）和式（5-8），LP-01 在黄铜矿电极表面的扩散系数可以确定为 $3.84 \times 10^{-9} \mathrm{m^2/s}$。扩散系数是决定扩散速度的重要参量，因此通过扩散系数的测定可以量化黄铜矿表面生成其氧化产物 Cu(LP-01) 混合物的速率。

此外，根据式（5-9）可求出 pH 值为 9.18 时捕收剂与硫化矿作用生成产物在其表面吸附的分子层厚度。

$$C = \frac{Q}{n\theta A} \tag{5-9}$$

式中，C 为产物在硫化矿电极表面吸附的分子层厚度；Q 为硫化矿表面消耗的电量；θ 为单位面积内产物分子层所需的电量；n 为反应的电子数；A 为硫化矿电极的表面积。

根据方程（5-8）可以得出在 LP-01 体系中黄铜矿表面消耗的电量（Q_1），即：

$$Q_1 = \int_0^2 \frac{1}{0.00593 + 0.02863t^{0.5}} = 50.12(\text{C/m}^2) \qquad (5\text{-}10)$$

同理，选取 0.217V 为阶跃电位，对图 5-7 中曲线选取适当的时间范围，可以得出黄铜矿在丁黄药体系中 i^{-1}-$t^{0.5}$ 的关系，即：

$$i_t^{-1} = 0.00011 + 0.062t^{0.5} \qquad (5\text{-}11)$$

求出在丁黄药体系中黄铜矿表面消耗的电量（Q_2），即：

$$Q_2 = \int_0^2 \frac{1}{0.00011 + 0.062t^{0.5}} = 54.90(\text{C/m}^2) \qquad (5\text{-}12)$$

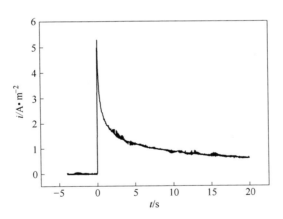

图 5-7　黄铜矿在丁黄药体系中电流密度与时间的关系

黄铜矿的晶格参数为 2.163×10^{-10}。结合公式（5-9）可得，pH 值为 9.18 时，Cu（LP-01）在黄铜矿表面约有 3.91 个单分子层，X_2 在黄铜矿表面约有 4.09 个单分子层，两种产物在黄铜矿表面吸附的分子层厚度接近。因此可以推断，新型酯类捕收剂 LP-01 与丁黄药对于黄铜矿的捕收能力相当。

5.1.3 产物在黄铜矿电极表面产物的稳定性

前面的研究结果表明，LP-01 在黄铜矿电极表面生成产物 Cu（LP-01）是不可逆的反应，如果忽略反应物质的电迁移和对流，只存在扩散引起的浓度变化，恒电流极化时反应物浓度与时间的关系为：

$$\eta_c = 2.303RT\lg(i_c/i_0)/(\alpha nF) - 2.303RT\lg[1 - (t/\tau)^{0.5}]/(\alpha nF) \tag{5-13}$$

$$c_o(0, t) = c_o^0\left(1 - \sqrt{\frac{t}{\tau}}\right) \tag{5-14}$$

式中，$c_o(0, t)$ 为反应物氧在电极表面 t 时刻的浓度；c_o^0 为反应物的初始浓度；τ 为过渡时间。

反应（5-13）的阴极电流 i_c 可表示为：

$$i_c = i_0\frac{C_o(0, t)}{c_o^0}\exp\left(\frac{\alpha nF}{RT}\eta_k\right) \tag{5-15}$$

$$\eta_k = 2.303RT\lg(i_k/i_0)/(\alpha nF) - 2.303RT\lg[1 - (t/\tau)^{0.5}]/(\alpha nF) \tag{5-16}$$

在 pH 值为 9.18、[LP-01] $= 10^{-4}$ mol/L 的电解质溶液中，采用的恒电位阶跃（电位 $E = 0.217$V），使黄铜矿电极表面形成 Cu（LP-01）。然后，在电流密度 $i = 5$A/m^2 的恒电流条件下进行恒电流阶跃测试，所测得的还原电位与时间的关系如图 5-8 所示。

从图 5-8 中可以确定反应的过渡时间 t 大约为 9s。根据之前的 Tafel 法得出在 pH 值为 9.18、[LP-01] $= 10^{-4}$ mol/L 的电解质溶液中，生成 Cu（LP-01）反应的热力学平衡电位（Φ）等于 0.175V，0~9s 间任一时刻下的电位值为 Φ_t，反应的过电位可以确定，即：

$$\eta_c = \Phi_t - \Phi \tag{5-17}$$

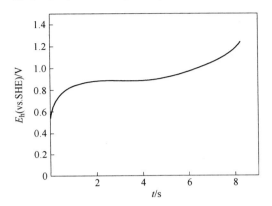

图 5-8 黄铜矿电极恒电流阶跃电位与时间关系

将图 5-8 曲线转换成 η_c-$\lg[1-(t/\tau)^{0.5}]$ 关系曲线如图 5-9 所示,拟合为直线形态。

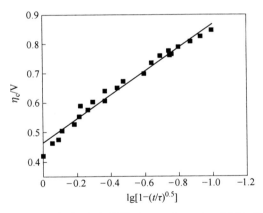

图 5-9 黄铜矿电极恒电流阶跃时 η_c-$\lg[1-(t/\tau)^{0.5}]$ 关系曲线

由图 5-9 可求出直线的斜率和截距,结合式(5-16),得出 Cu(LP-01)还原时的动力学方程为:

$$\eta_c = 0.46311 - 0.43567\lg\left(1 - \sqrt{\frac{t}{\tau}}\right) \qquad (5\text{-}18)$$

因为式（5-15）中，R、T、F、i_c、t 等值都是已知的，因此 Cu(LP-01) 在黄铜矿电极表面形成时的交换电流密度可以确定，$i_0 = 0.043\text{A}/\text{m}^2$。这与恒电位阶跃法求得的电流密度是一致的。

此外，在恒电流阶跃实验研究中，黄铜矿电极表面通过的电量 $Q' = i_c t = 45\text{C}/\text{m}^2$；上一节研究结果表明，Cu(LP-01) 生成的电量 $Q = 50.12\text{C}/\text{m}^2$。

$$\frac{Q'}{Q} = 89.87\% \tag{5-19}$$

由于 89.87% 的 Cu(LP-01) 只能以法拉第方式在其表面解吸，表明产物 Cu(LP-01) 在黄铜矿表面吸附较牢固。Cu(LP-01) 还原的电化学动力学方程及其动力学参数值表明，Cu(LP-01) 在黄铜矿表面还原阴极过电位较大，还原反应的速度较慢，难以还原，这就是在弱碱条件下循环伏安曲线的阴极过程中难以观测到还原峰的原因。

5.2 丁铵黑药在方铅矿表面作用的电极过程

5.2.1 不同丁铵黑药浓度下方铅矿电极的恒电位阶跃实验

方铅矿电极在 pH 值为 11.0、丁铵黑药浓度为 $10^{-3}\text{mol}/\text{L}$ 和 $10^{-4}\text{mol}/\text{L}$ 的水溶液中，选择 0.25V 的电位进行阶跃，极化时间为 60s 时，电流密度与时间的关系曲线如图 5-10 所示，可进一步求得 i^{-1}-$t^{0.5}$ 的关系：

当 pH 值为 9.18 时：

$$i_t^{-1} = 0.00078 + 0.09031 t^{0.5} \tag{5-20}$$

当 pH 值为 11.0 时：

$$i_t^{-1} = 0.00047 + 0.04033 t^{0.5} \tag{5-21}$$

对式（5-20）和式（5-21）积分可求出恒电位阶跃时，方铅矿表面所通过的电量分别为 30.34C/m² 和 67.18C/m²。由式（5-9）可知，当 [DTP] = 10^{-4} mol/L 时，丁铵黑药在方铅矿表面生成 Pb(DTP)₂ 约有 2.9 个单分子层，当 [DTP] = 10^{-3}mol/L 时，则吸附了 6.43 个分子层。可见，在强碱条件下增大丁铵黑药的浓度可以加强对方铅矿的捕收能力。同理，根据式（5-7）可算出，pH 值为 11.0、[DTP] = 10^{-3}mol/L 时，丁铵黑药在方铅矿电极表面的扩散系数为 $2.11×10^{-9}$m²/s。

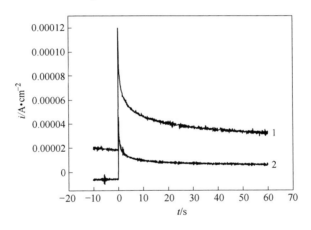

图 5-10　不同丁铵黑药浓度下方铅矿电极电位阶跃时电流密度与时间关系

5.2.2　丁铵黑药在方铅矿表面产物的稳定性

丁铵黑药在方铅矿表面氧化形成的产物是 Pb(DTP)₂，Pb(DTP)₂ 的还原由式（5-22）给出：

$$Pb(DTP)_2 + S \longrightarrow PbS + 2DTP^- - 2e \qquad (5-22)$$

$$E_h = -0.327 - 0.059 \lg[DTP^-] \qquad (5-23)$$

还原反应（5-22）的热力学平衡电位可由式（5-23）计算出，

当 [DTP] = 10^{-3} mol/L 时，E_h = −0.15V。方铅矿表面 Pb(DTP)$_2$ 的生成是一个不可逆过程，反应（5-22）存在阴极过电位 η_c。

在 pH 值为 11.0、[DTP] = 10^{-3} mol/L 的电解质溶液中，采用的恒电位阶跃（电位 E = 0.25V）使得方铅矿电极表面形成产物 Pb(DTP)$_2$。然后，在电流密度 i = 5A/m^2 的恒电流条件下进行恒电流阶跃试验，还原电位-时间关系如图 5-11 所示。从中可求出过渡时间大约为 14s。

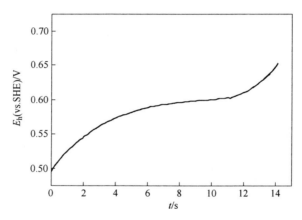

图 5-11　方铅矿电极恒电流阶跃电位与时间关系

图 5-12 是方铅矿电极恒电流阶跃时 η_c-lg[1 − (t/τ)$^{0.5}$] 关系曲线，因此方铅矿电极表面形成的 Pb(DTP)$_2$ 的动力学方程：

$$\eta_c = 0.7279 - 0.42455 \lg \left(1 - \sqrt{\frac{t}{\tau}} \right) \qquad (5\text{-}24)$$

由式（5-15）可求得交换电流密度：i_0 = 0.97A/m^2，前一节研究结果表明，Pb(DTP)$_2$ 生成的电量 Q = 67.18C/m^2。

另在恒电流阶跃实验中，方铅矿电极表面通过的电量 Q' = $i_c t$ = 70C/m^2。

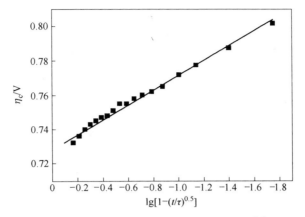

图 5-12 方铅矿电极恒电流阶跃时 η_c-lg[1 - (t/τ)$^{0.5}$] 关系曲线

$$\frac{Q'}{Q} = 95.97\% \qquad (5\text{-}25)$$

丁铵黑药在方铅矿表面形成的 Pb(DTP)$_2$有 95.97% 是以法拉第形式解吸的，产物的稳定性较好。

5.3 本章小结

（1）利用控制电位暂态法研究了黄铜矿电极在 pH 值为 9.18 的水溶液及捕收剂 LP-01 体系中氧化的动力学过程，得出了在水体系的交换电流密度为 0.442A/m^2，加入捕收剂 LP-01 后的交换电流密度为 0.037A/m^2。这可能是由于大量的疏水性氧化产物 Cu(LP-01) 吸附在黄铜矿的表面，导致交换电流密度减小。

（2）在 pH 值为 9.18 的捕收剂 LP-01 体系中，求出黄铜矿电极表面的扩散系数为 3.84×10^{-9} m^2/s，产物 Cu(LP-01) 在黄铜矿表面吸附厚度相当于 3.91 个单分子层，黄原酸二聚物 X$_2$在黄铜矿表面吸附厚度约有 4.09 个单分子层。因此，两种药剂对于黄铜矿的捕收能力相当。

（3）黄铜矿的表面产物 Cu(LP-01) 能稳定地吸附在其表面，大约有 89.87% 的 Cu(LP-01) 只能以法拉第形式在其表面解吸，说明 Cu(LP-01) 的还原有较大的过电位，还原的速率较小，因此在弱碱条件下循环伏安曲线的阴极过程中较难观测到还原峰。

（4）在丁铵黑药体系中，从强碱性条件下（pH 值为 11.0）方铅矿表面生成产物 $Pb(DTP)_2$ 吸附的分子层厚度可以看出，增大药剂浓度可以提高对方铅矿的捕收能力。并求得方铅矿电极表面的扩散系数为 2.11×10^{-9} m^2/s，大约有 95.97% $Pb(DTP)_2$ 是以法拉第形式解吸，产物的稳定性较好。

第6章　难选铜铅锌硫化矿的浮游行为与机理

为了验证前面热力学分析和电化学研究的结果，本章采用 LP-01、丁铵黑药（DTP）和乙硫氮（DDTC）作为捕收剂，Na_2SO_3 和 $ZnSO_4$ 为抑制剂，$CuSO_4$ 为活化剂，丁基醚醇为起泡剂，用量为 8mg/L，分析黄铜矿、方铅矿、闪锌矿与黄铁矿四种矿物的浮选行为，为提高铜铅锌硫化矿浮选回收率提供理论基础和新的药剂制度。

6.1　矿浆 pH 值与矿浆电位 E_h 对矿物可浮性的影响

6.1.1　矿浆 pH 值和矿浆电位对（LP-01）浮选铜铅锌硫化矿的影响

采用 LP-01 为浮选捕收剂，考察不同矿浆 pH 值条件下矿浆电位的变化与黄铜矿、方铅矿、闪锌矿与黄铁矿四种矿物的浮选回收率，试验结果如图 6-1~图 6-4 所示。

从图 6-1~图 6-4 可看出：黄铜矿在 pH 值为 5.0~9.18 范围内回收率较高，pH 值为 9.18 和矿浆电位为 150mV 左右的矿浆环境下，黄铜矿的回收率可达到 90%。然而，黄铜矿在强酸或强碱性条件下的可浮性较差。前面的循环伏安和交流阻抗研究结果得出，在 pH(8.0~9.18)-E_h(0.15~0.20V) 的中碱性条件，LP-01 对黄铜矿有较好的捕收能力，黄铜矿在 LP-01 体系中形成疏水性膜的最大

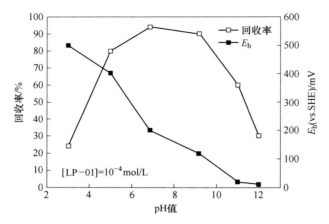

图 6-1 矿浆电位和 pH 值对黄铜矿浮选回收率的影响

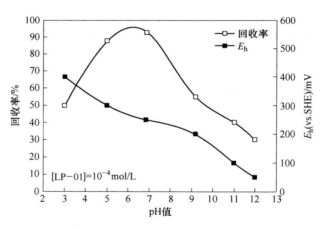

图 6-2 矿浆电位和 pH 值对方铅矿浮选回收率的影响

回收率对应的电位值位于 150mV 附近。对比发现，单矿物浮选实验结果与电化学研究结果相近。黄铁矿在整个试验矿浆 pH 值范围内浮选回收率都不超过 50%，说明可浮性较差。方铅矿在酸性及中性条件下回收率较高，继续增大 pH 值，回收率急剧下降。而闪锌矿仅仅只是在酸性条件下可浮性较好。这些与之前的电化学研究

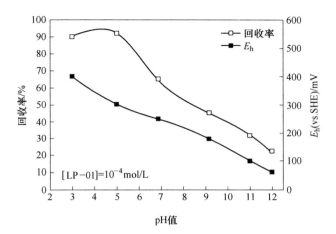

图 6-3 矿浆电位和 pH 值对闪锌矿浮选回收率的影响

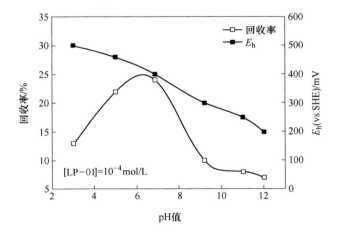

图 6-4 矿浆电位和 pH 值对黄铁矿浮选回收率的影响

结果也较为吻合。同时，矿浆电位随 pH 值的升高而降低，采用 LP-01 作浮选捕收剂，在中碱性条件下很容易将黄铜矿、方铅矿、闪锌矿与黄铁矿进行浮选分离。

6.1.2 矿浆 pH 值和矿浆电位对 DTP 浮选铜铅锌硫化矿的影响

采用丁铵黑药为浮选捕收剂，考察不同 pH 值条件下矿浆电位的变化与黄铜矿、方铅矿、闪锌矿与黄铁矿四种矿物的浮选回收率，试验结果如图 6-5 ~ 图 6-8 所示。

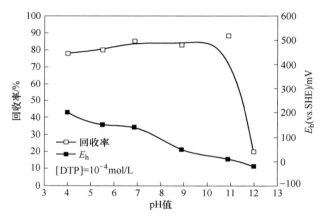

图 6-5 矿浆电位和 pH 值对黄铜矿浮选回收率的影响

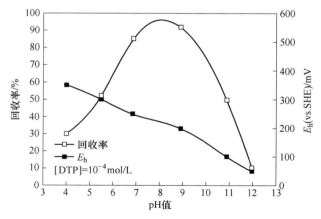

图 6-6 矿浆电位和 pH 值对方铅矿浮选回收率的影响

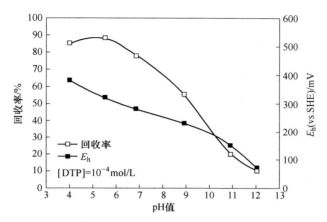

图 6-7 矿浆电位和 pH 值对闪锌矿浮选回收率的影响

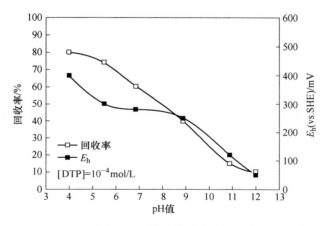

图 6-8 矿浆电位和 pH 值对黄铁矿浮选回收率的影响

由图 6-5 ~ 图 6-8 可知，丁铵黑药作捕收剂的体系中，在 6.8<pH<10.5的范围内，黄铜矿具有较高的浮选回收率；而在 pH 值大于 10.5 以后，黄铜矿的回收率大幅下降。对方铅矿而言，pH 值在6.8~8.8时，丁铵黑药对方铅矿的捕收能力较好，最大浮选回收率可以达到90%；而 pH 值大于 8.8 以后，方铅矿的浮选回收率

开始大幅度降低，直至在 pH 值大于 11 以后快速降到 50% 以下。前面的热力学计算和循环伏安测试结果得出，用丁铵黑药浮选方铅矿的浮选 pH 值上限为 8.91。闪锌矿只有在酸性条件下可浮性较好，回收率在 85% 左右。而随着 pH 值的升高，浮选回收率急剧下降，最低达到 10% 左右。从循环伏安测试结果也可以看出，在高碱性条件下，加入丁铵黑药，闪锌矿的曲线未发生变化。对黄铁矿而言，在酸性条件下可浮性较好，回收率最高接近 80%。在碱性条件下，回收率则随着 pH 值的升高而降低，最终降到 10% 以下，不可再浮。试验结果表明：随着 pH 值的升高，矿浆电位随之下降，电位变化区间在 50~600mV。浮选回收率随矿浆电位的变化趋势由矿物自身的性质决定。在 pH 值小于 6.8 和 pH 值大于 8.8 的范围内，黄铜矿和方铅矿具有较大的浮游差。从丁铵黑药浮选铜铅锌硫化矿的结果看来，与之前的热力学研究及电化学测试结果基本一致。

6.2　抑制剂用量对铜铅锌硫化矿浮选的影响

6.2.1　亚硫酸钠对黄铜矿和方铅矿浮选的影响

图 6-9 是在 pH 值为 9.18 的条件下，以 LP-01 作为捕收剂，Na_2SO_3 对黄铜矿和方铅矿浮选影响的试验结果。

在初始条件下，Na_2SO_3 的加入对黄铜矿单矿物的浮选没有抑制作用。随着 Na_2SO_3 浓度的增大，黄铜矿的浮选回收率稳定在 85%~89%；而方铅矿的浮选受到了明显的抑制，抑制作用逐渐增强，当 Na_2SO_3 浓度达到 1.7×10^{-3} mol/L 时，方铅矿的回收率几乎降到零。由以上分析可知，在矿浆 pH 值大于 9.0 时，黄铜矿的浮选回收率没有明显变化，但方铅矿的浮选受到明显抑制。

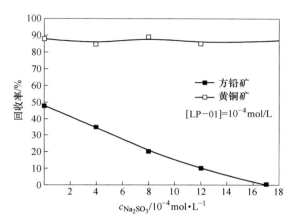

图 6-9 Na$_2$SO$_3$ 浓度对黄铜矿和方铅矿浮选的影响

6.2.2 亚硫酸钠对方铅矿和闪锌矿浮选的影响

图 6-10 是在 pH 值为 11.0 的条件下，以乙硫氮作为捕收剂，Na$_2$SO$_3$ 对方铅矿和闪锌矿浮选影响的试验结果。

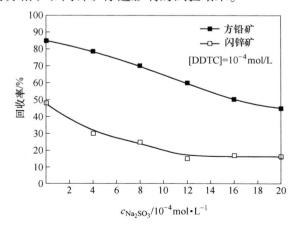

图 6-10 Na$_2$SO$_3$ 浓度对方铅矿和闪锌矿浮选的影响

从图 6-9 和图 6-10 可知，在 pH 值为 11.0 的高碱条件下，Na_2SO_3 对方铅矿的抑制作用不如 pH 值为 9.18 的弱碱性条件下明显，加入 Na_2SO_3 后回收率逐渐下降，最终降到 50% 以下。而随着 Na_2SO_3 浓度的增大，闪锌矿的浮选回收率受到较大的影响，从不加 Na_2SO_3 时的 48% 左右降到最低时的 15%。之前的亚硫酸在各组分竞争吸附的浓度对数图也表明，相比捕收剂乙硫氮和丁铵黑药，SO_3^{2-} 更容易与 Zn^{2+} 结合，表明 SO_3^{2-} 可以阻止捕收剂同闪锌矿作用。

6.2.3 组合抑制剂对方铅矿和闪锌矿的影响

从图 6-10 可知，在高碱条件下，单独使用 Na_2SO_3 抑制闪锌矿，方铅矿的回收率也会受到影响。目前在工业上广泛采用组合抑制剂（Na_2SO_3 + $ZnSO_4$）可以使以上问题得到解决。前面的循环伏安测试结果也可以看出，组合抑制剂（Na_2SO_3 + $ZnSO_4$）在高碱条件下对闪锌矿的抑制效果最好。由于 $ZnSO_4$ 对锌的抑制效果更好，因此，为了使方铅矿的回收率不受到影响，可以适当增大 $ZnSO_4$ 的用量配比，在此，采用的（Na_2SO_3 + $ZnSO_4$）的配比为 2：3。图 6-11 为 pH 值为 11.0 时，该组合抑制剂的用量对方铅矿和闪锌矿影响的试验结果。

如图 6-11 所示，在 pH 值为 11.0 的高碱条件下，（Na_2SO_3 + $ZnSO_4$）的用量不超过 300mg/L 时，基本不改变方铅矿的可浮性，对闪锌矿却显示出了良好的抑制作用。当（Na_2SO_3 + $ZnSO_4$）的用量为 300mg/L 时，闪锌矿的回收率仅有 15%，方铅矿的回收率为 88%。继续增大（Na_2SO_3 + $ZnSO_4$）的用量，闪锌矿的回收率变化不大，而方铅矿的回收率却有所降低。可以认为，采用组合抑制剂，最佳用量为 300mg/L，由此可以推断出与实际浮选体系相匹配的亚硫酸钠浓度为 9.5×10^{-4} mol/L 左右，硫酸锌的浓度为 6.27×10^{-4} mol/L 左右。

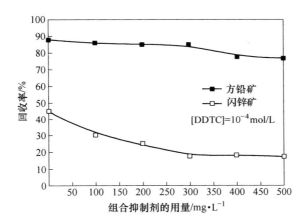

图 6-11 组合抑制剂对方铅矿和闪锌矿浮选的影响

$(m(\mathrm{Na_2SO_3}) : m(\mathrm{ZnSO_4}) = 2 : 3)$

6.3 LP-01 与黄铜矿及黄铁矿表面的相互作用

图 6-12 为 LP-01 的红外光谱, LP-01 属于酯类药剂, 几个主要

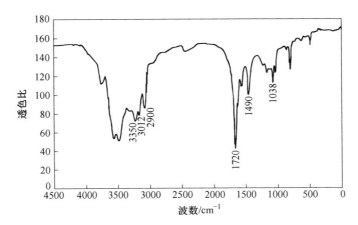

图 6-12 LP-01 药剂的红外光谱

的官能团有 N—H、C=S、C—N、C=O。图 6-13 为黄铜矿与 LP-01 作用前后的红外光谱。

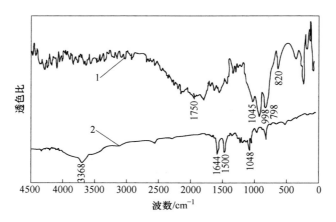

图 6-13   黄铜矿与 LP-01 作用前后的红外光谱

1—黄铜矿；2—黄铜矿+（LP-01）

由图 6-13 可知，黄铜矿与药剂 LP-01 作用前后的红外光谱明显不同。图 6-13 和表 6-1 表明，$1490cm^{-1}$ 附近强吸收归属于 C—N 伸缩振动，在 LP-01 与黄铜矿反应产物中已向高频移至 $1500cm^{-1}$ 左右，这表示 C—N 键的键长缩短、键能增大，可能 C—N 键双键成分增加；$3350cm^{-1}$、$3012cm^{-1}$ 和 $2900cm^{-1}$ 为 N—H 的伸缩振动吸收峰；在与黄铜矿反应产物中显著降低或消失，但黄铜矿与 LP-01 的作用产物却在 $3368cm^{-1}$ 附近出现新的吸收峰，可能归属于另一种 N—H 伸缩振动；LP-01 与黄铜矿反应前后， C=O 伸缩振动改变最明显，向低频方向（由 $1720cm^{-1}$ 移向 $1644cm^{-1}$）移动了 $76cm^{-1}$；而 C=S 伸缩振动由 $1038cm^{-1}$ 移向了 $1048cm^{-1}$，说明 C=S 中的硫参与了和铜的成键。由上述分析可知，LP-01 在黄铜矿表面发生了化学吸附。

表 6-1　强吸收带的红外光谱及其可能归属

LP-01	CuFeS$_2$+LP-01	可能归属
3350cm^{-1}	3368cm^{-1}	N—H 伸缩振动
1720cm^{-1}	1644cm^{-1}	C=O 伸缩振动
3012cm^{-1}		N—H 伸缩振动
1490cm^{-1}周围	1500cm^{-1}	C—N 复合振动
2900cm^{-1}周围		N—H 伸缩振动
1038cm^{-1}	1048cm^{-1}	C=S 伸缩振动

　　当[LP-01] = 10^{-4}mol/L 时，不同 pH 值条件下 LP-01 与黄铜矿作用后水溶液的紫外光谱如图 6-14 所示。根据相关研究，360nm 左右的宽吸收峰可能来自于 σ-C=S(S) 或 σ-C=O(O) 向 Cu 的跃迁。说明 LP-01 中 C=S 的 S 和 C=O 的 O 都可能参与了与 Cu 的成键。从图 6-14 中可以看出黄铜矿在弱碱性条件下，水溶液中剩余的 LP-01 最少，说明在弱碱性条件下，黄铜矿表面吸附了较多的 LP-01，其次是中性条件下，吸附得相对较少，这与前面的研究结果是相一致的。

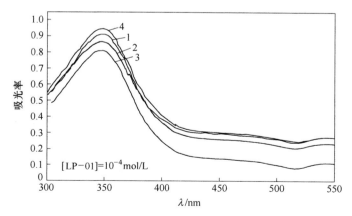

图 6-14　不同 pH 值条件下黄铜矿与 LP-01 反应产物的紫外光谱

1—pH 值为 4.00；2—pH 值为 6.86；3—pH 值为 9.18；4—pH 值为 11.0

图 6-15 是黄铁矿与 LP-01 作用的红外光谱图。从图 6-15 中可以看出，黄铁矿与 LP-01 作用前后的红外光谱曲线基本上没有发生变化。对比图 6-12 和图 6-15，黄铁矿表面没有出现 LP-01 的特征吸附峰。由上述分析可知，LP-01 在黄铁矿表面的吸附为物理吸附，容易从其表面脱附。

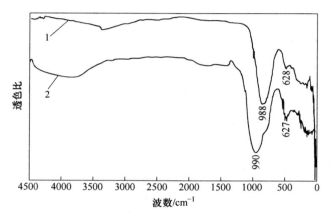

图 6-15　黄铁矿与 LP-01 作用前后的红外光谱

1—黄铁矿；2—黄铁矿+（LP-01）

6.4　捕收剂对方铅矿和闪锌矿表面吸附的影响

丁铵黑药的红外光谱如图 6-16 所示，丁铵黑药属于黑药类，主要的官能团有—CH_3、N—H、P—O—C、P-S_2。图 6-17 为乙硫氮的红外光谱，由于 C＝S 有很宽的吸收范围，当 C＝S 与 N 原子相连时，在 $1580\sim1300cm^{-1}$ 和 $1200\sim980cm^{-1}$ 范围内表现出较强的反射峰。图 6-18 为方铅矿与丁铵黑药及丁铵黑药和乙硫氮混合药剂作用的红外光谱。曲线 1 中，$2980cm^{-1}$ 和 $2825cm^{-1}$ 为—CH_3 的伸缩振动，$1267cm^{-1}$ 为 N—H 的弯曲振动，$997cm^{-1}$ 为 P—O—C 的伸缩振动，$644cm^{-1}$ 吸收峰为 P-S_2 伸缩振动。

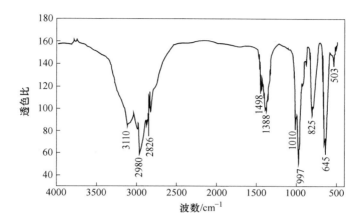

图 6-16 丁铵黑药的红外光谱

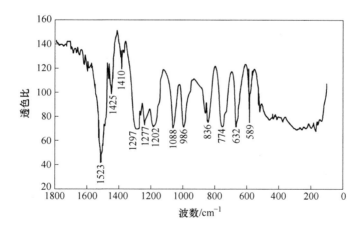

图 6-17 乙硫氮的红外光谱

而出现在 846cm^{-1} 处的吸收峰，根据文献，700 ~ 900cm^{-1} 可能为正丁基二硫代磷酸铅生成的吸收峰，但也不排除有少量的双黑药吸附。加入混合药剂之后，如图 6-18 曲线 3 所示，除了 1523cm^{-1}、1277cm^{-1} 处多出两个小峰外，和曲线 2 的谱形变化趋势是完全一致

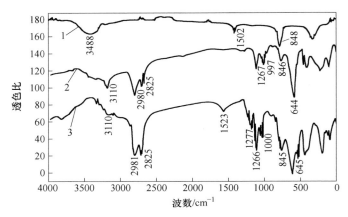

图 6-18　方铅矿与捕收剂作用的红外光谱
1—方铅矿；2—方铅矿+DTP；3—方铅矿+DTP+DDTC

的。根据相关文献，1523cm^{-1} 是乙硫氮 R—N—C ═S 基团的特征吸收峰，1277cm^{-1} 是-CSS-酸根基团的平面伸缩振动和平面交角振动。因此，根据红外光谱测试结果，方铅矿与丁铵黑药和乙硫氮混合药剂相互作用后，其表面主要是乙硫氮金属盐和正丁基二硫代磷酸铅。并且，使用混合药剂之后吸收峰变得更加尖锐，说明采用混合药剂更加有利于方铅矿的捕收。

图 6-19 为丁基黄药的红外光谱，丁黄药主要的吸收峰为 C—O—C 伸缩振动 1100~1172cm^{-1}；C ═S 伸缩振动为 1048cm^{-1} 和 1008cm^{-1}。图 6-20 为闪锌矿吸附丁黄药及 CuSO$_4$ 活化闪锌矿后吸附丁黄药的红外光谱，根据相关文献，丁基黄原酸锌的吸收峰在 1020cm^{-1}、1110cm^{-1} 和 1212cm^{-1} 左右。从图 6-20 中曲线 2 可以看出，闪锌矿吸附丁黄药后特征吸收峰出现在 1214cm^{-1}、1112cm^{-1} 和 1020cm^{-1} 的位置，因此，可以推断闪锌矿吸附丁黄药后表面产物主要为 Zn(BX)$_2$。硫酸铜活化后闪锌矿吸附丁黄药的红外光谱与未活化前的谱图变化趋势基本相似，但多出了几个吸收峰，如图

6-20 中曲线 3 所示。最为明显的是在 990cm^{-1}、1140cm^{-1} 和 1166cm^{-1} 处出现了新的吸收峰，和曲线 2 相比，吸收峰的强度有所加强。根据有关文献得知，这可能是 Cu^{2+} 的加入，使得闪锌矿表面生成了丁基黄原酸铜 Cu(BX)$_2$ 和丁基黄原酸亚铜 CuBX。并且，CuSO$_4$ 的加入使得闪锌矿的浮选得到了较大的改善。

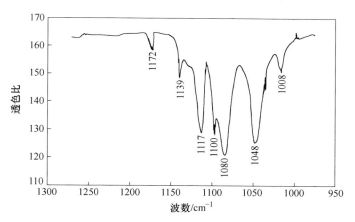

图 6-19 丁基黄药的红外光谱

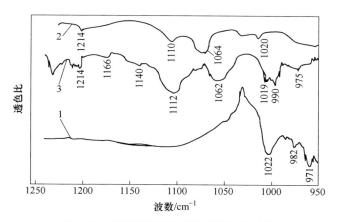

图 6-20 闪锌矿与捕收剂作用的红外光谱

1—闪锌矿；2—闪锌矿+KBX；3—闪锌矿+KBX+CuSO$_4$

6.5 组合抑制剂对方铅矿及闪锌矿表面吸附的影响

图 6-21 和图 6-22 分别为不同 pH 值条件下，以乙硫氮作捕收剂，添加组合抑制剂 Na_2SO_3+$ZnSO_4$ 前后，闪锌矿和方铅矿吸附乙硫氮的紫外光谱。从图 6-21 和图 6-22 可以看出，加入 Na_2SO_3+$ZnSO_4$ 后，水溶液中的乙硫氮特征吸收峰反射强度增强，说明水溶液中剩余的乙硫氮浓度增多，这是因为抑制剂与矿物阳离子作用生成 $Zn_4(SO_3)(OH)_6 \cdot H_2O$ 和 $Zn(OH)_2$ 沉积在矿物表面而使矿物受到抑制。从抑制前后吸收峰反射强度的差值来看，闪锌矿在高碱条件下抑制效果最好，并且明显要强于方铅矿，这与实际的浮选体系是相吻合的。

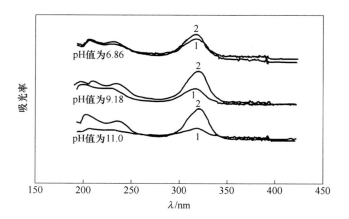

图 6-21　Na_2SO_3+$ZnSO_4$组合抑制剂对闪锌矿吸附影响的紫外光谱

（[DDTC] = 1×10^{-4} mol/L；[Na_2SO_3] = 1×10^{-4} mol/L；

[$ZnSO_4$] = 1×10^{-4} mol/L）

1—闪锌矿+DDTC；2—闪锌矿+DDTC+Na_2SO_3+$ZnSO_4$

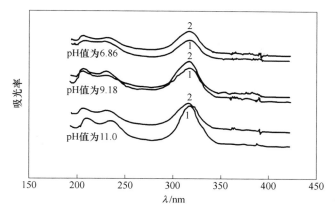

图 6-22 Na₂SO₃+ZnSO₄组合抑制剂对方铅矿吸附
乙硫氮影响的紫外光谱

（[DDTC]=1×10⁻⁴mol/L；[Na₂SO₃]=1×10⁻⁴mol/L；[ZnSO₄]=1×10⁻⁴mol/L）

1—方铅矿+DDTC；2—方铅矿+DDTC+Na₂SO₃+ZnSO₄

6.6 本章小结

（1）不同 pH 值和矿浆电位条件下，以 LP-01 为捕收剂，黄铜矿在弱碱性条件下的可浮性最好，即 pH 值为 9.18 和矿浆电位 150mV 左右时，黄铜矿的回收率可达到 90%。而方铅矿和闪锌矿在酸性或中性条件下可浮性才能较好。黄铁矿在整个 pH 值范围内可浮性均较差。单矿物浮选结果与电化学研究结果相一致。

（2）不同 pH 值和矿浆电位条件下，以丁铵黑药为捕收剂，在 pH 值小于 6.8 和 pH 值大于 8.8 的范围内，黄铜矿和方铅矿具有较大的浮游差。闪锌矿和黄铁矿只有在酸性条件下才有可浮性。并且，随着 pH 值的升高，矿浆电位随之下降，电位变化区间在 50～600mV。从丁铵黑药浮选铜铅锌硫化矿的结果看来，与之前的热力学研究及电化学测试结果基本吻合。

（3）在高碱条件下优先浮选方铅矿，可以采用组合抑制剂 Na_2SO_3 + $ZnSO_4$ 抑锌浮铅。计算出与实际浮选体系相匹配的亚硫酸钠浓度为 9.5×10^{-4} mol/L 左右，硫酸锌的浓度为 6.27×10^{-4} mol/L 左右。抑制后的闪锌矿可以用硫酸铜对其活化，合适的用量在 3.8×10^{-4} mol/L 左右。经 $CuSO_4$ 活化后的闪锌矿，采用丁黄药进行电化学浮选的最佳匹配关系为 pH 值为 $11.0 \sim 11.5$、E_h 值为 $0.206 \sim 0.493$ V、捕收剂浓度为 3.8×10^{-4} mol/L。

（4）红外光谱和紫外光谱研究表明，LP-01 在黄铜矿表面的吸附为化学吸附，而与黄铁矿的吸附为物理吸附，容易从其表面脱附。LP-01 中 C ═ S 的 S 和 C ═ O 的 O 都可能参与了与 Cu 的成键。方铅矿与丁铵黑药和乙硫氮混合药剂相互作用后的红外光谱显示，其表面主要是乙硫氮金属盐和正丁基二硫代磷酸铅。并且，使用混合药剂之后吸收峰更加尖锐明显，说明采用混合药剂更有利于方铅矿的捕收。

（5）在高碱条件下使用 Na_2SO_3 + $ZnSO_4$ 抑制闪锌矿，抑制前后紫外光谱吸收峰反射强度的差值表明，闪锌矿在高碱条件下抑制效果最好，明显要强于方铅矿。

第7章 难选铜铅锌硫化矿电位调控优先浮选工艺小型试验研究

7.1 四川会理锌矿铜铅锌多金属硫化矿电位调控优先浮选工艺小型试验

7.1.1 难选铜铅锌多金属硫化矿电位调控优先浮选工艺设计

四川会理锌矿地处四川攀西资源开发区腹地，是西南地区规模较大的铅锌银有色金属中型矿山。矿区开采历史悠久，早在清康熙四十一年（公元 1702 年）就设立官办银厂，是一个有数百年生产历史的矿山，现代化的矿山始建于 1951 年，经过几代人的努力，矿山已经由一家投资 6.3 万元的作坊式小厂，发展成为资产总额 1.61 亿元，日采选原矿 1000t，年产铅、锌精矿金属含量 2 万余吨，并具有较高技术装备水平的中二型企业，成为四川省"有色金属矿采选业最大市场占有份额首强"，在四川省有色金属采选业中具有重要地位。

会理锌矿矿体赋存于震旦系灯影组中段上部白云岩中，矿体的主要围岩为硅质、砂质、结晶、条带状硅质白云岩等碳酸盐岩石。矿石类型比较复杂，主要有块状、角砾状、细脉浸染状和网脉细脉状矿石，其中以细脉浸染状为主，约占全部矿石 65% 左右。矿石中的金属硫化矿物有闪锌矿、方铅矿、黄铁矿、黄铜矿、银黝铜矿、硫锑银铜矿、深红银矿等；金属氧化矿物有菱锌矿、白铅矿、硅锌矿与异极矿、褐铁矿、磁铁矿、菱铁矿、金红石等；脉石矿物主要是方解石、白云石、绢云母、石英、绿帘石、蛇纹石等。原矿含铅 1.0%~1.5%、锌 7%~10%、银 70~100g/t。会理锌矿选矿厂建厂初期采用优先浮选、铅锌重选分离，生产铅精矿、锌精矿、铅锌混合精矿三种产品。由于原矿性质复杂，所选流程对矿石性质不适应，所以选别指标极差，加之铅锌混合精矿销售极为困难，使企业的经济效益受到严重影响。1994 年起选矿厂采用该矿与北京矿冶研究总院联合开发出的等可浮流程组织生产，最终产品中取消了铅锌混合精矿，只生产铅、锌单一精矿。但是由于原矿性质复杂，铅锌分离的难度太大，所采用的流程仍然不能适应矿石特性，同时该工艺难于操作管理，使得产出的铅、锌精矿质量仍然较差。突出的表现在于铅精矿中含锌极高，这不仅使大量的闪锌矿损失在铅精矿中而使锌的回收率受到影响，同时还因铅选别差，未浮尽的铅矿物进入选锌循环而影响锌精矿的质量，如 1995 年锌精矿中含铅 2.77%、1996 年为 1.99%。这种铅、锌精矿中铅、锌互含严重的现象，不仅使精矿产品难于销售，而且同样影响到矿产资源的综合利用和企业的经济效益。2001 年该矿与江西理工大学合作，针对该复杂难选铅锌矿石的特性，开发出"复杂难选铅锌矿石清洁高效选矿新工艺"，新工艺提高了铅、锌精矿的质量及铅、锌精矿中主金属回收率，解决了长期以来困扰铅锌矿山选矿生产的难题，企业的经济效益也得到明显提高（该工艺获得 2003 年四川省科技进步二等奖）。但随着开采深度不断加深，矿石性质发生较大变化，主要体现在铜品位急剧升高（尤其在 E708 中段），形成铜铅锌多金属复杂硫化矿。由于会理锌矿铅锌浮选分离采用的工艺是在高碱介质条件下，采用乙硫氮作铅矿物捕收剂，硫酸锌+亚硫酸钠作闪锌矿等矿物的抑制剂优先浮铅，浮铅后的矿浆用硫酸铜作活化剂，丁基黄药作捕收剂浮选锌矿物的工艺流程。显然该流程不能适应铜铅锌多金属复杂硫化矿矿石性质。为此，2005年7月，会理锌矿委托本项目组开展"提高会理锌矿深部矿体中高铜高硫铅锌矿石综合选矿指标试验研究"，要求对会理锌矿天宝山深部矿体中高铜高硫铅锌矿石进行工艺矿物学与浮选试验研究，在保持和提高现有铅、锌选矿指标的前提下，将铜、铅、锌等有价元素和成分分开，形成独立的精矿产品，以实现矿产资源的高效开发利用。

小型试验从2005年7月6日开始，于2005年11月28日结束。研究发现：会理锌矿矿石中的铜矿物以黄铜矿、银黝铜矿-银砷黝铜矿、硫锑铜银矿、车轮矿等矿物形式存在，并以黄铜矿为主，其次为银黝铜矿-砷黝铜矿系列矿物，银-砷黝铜矿分布极不均匀，局部有富集现象。铜矿物嵌布特征复杂，与闪锌矿互相包裹及呈固溶体分离结构较为普遍。铜矿物嵌布粒级较均匀，多集中于+0.08mm以上粒级中，铜矿物单体解离度相对较好，这对综合回收铜矿物有利。

从大量电子表面能谱测试结果可知，与铅矿物相比，会理锌矿矿石中的银与铜矿物的相关性更强些，因此，将矿石中的铜矿物选成单一的铜精矿，不仅可降低铅、锌矿物中的杂质铜含量，而且银在铜矿物中能得到更大程度的富集，从而可提高矿石中银的回收率。

从国内外选矿实践来看，铜铅锌硫化矿的分选一直是个难题，这主要体现在铜铅分离与铜锌分离难度较大。对会理锌矿这种本身性质就非常复杂的矿石而言，铜铅分离与铜锌分离难度依然存在，在高碱介质条件下，采用乙硫氮作铅矿物捕收剂，硫酸锌+亚硫酸钠作闪锌矿等矿物的抑制剂优先浮铅，浮铅后的矿浆用$CuSO_4$作活化剂，丁基黄药作捕收剂浮选锌矿物的工艺，铜矿物在铅、锌精矿中均匀分布（分布率与产率同步），这样就难以选出单一的铜精矿。

显然，如能在浮铅的回路中将铜富集，再进行铜铅分离的难度就小得多。但试验结果表明，采用"复杂难选铅锌矿石清洁高效选矿新工艺"，铜矿物在铅、锌精矿中均匀分布（分布率与产率同步），这样就难以选出单一的铜精矿。因此从铜铅混浮—铜铅分离角度考虑，铜铅混浮的捕收剂就非常关键；另外，如能找到一种对硫化铜矿物有良好捕收能力，而对铅锌硫化矿捕收能力很弱的铜矿物捕收剂，则有可能实现铜铅锌多金属硫化矿的优先浮选分离。

根据以上分析，决定采用铜、铅混浮—铜、铅分离—再浮锌方案与铜铅锌电位调控优先浮选方案对会理锌矿铜铅锌多金属硫化矿进行探索，并主要考察：

（1）铜铅混浮的高效捕收剂；（2）优先浮铜的高效捕收剂。

但大量的试验结果表明：铜铅混浮—铜铅分离—再浮锌的方案，尽管可获得单一的铜精矿，但获得的铜精矿含铜 17.76%、含铅 4.35%、含锌 12.87%；而且还要采用对环境不友好的 K_2CrO_7 等不清洁的选矿药剂来抑制铅矿物，同时因铜铅、铜锌分离效果差，所获得的铜精矿铅、锌含量高，也影响了铅、锌的回收率。为此，项目组将思路调整到铜铅锌多金属硫化矿电位调控优先浮选方案，以期取得突破。

难选铜铅锌多金属硫化矿电位调控优先浮选工艺设计的目的：

（1）充分利用铜铅锌铁硫化矿在不同矿浆 pH 值和矿浆电位 E_h 条件下的可浮性差异及浮选环境的影响，采用硫化矿电位调控优先浮选工艺，提高分选过程的选择性，实现铜铅锌硫化矿的依次优先浮选分离。

（2）采用对环境友好、清洁高效的浮选药剂，尤其是高选择性硫化铜矿物捕收剂的筛选，利用电位调控方法将矿浆 pH 值和矿浆电位 E_h 维持稳定在合适范围，控制各硫化矿的浮选行为，扩大分选矿物之间的浮游性质差异，以减少浮选药剂的无谓消耗，达到降低药剂成本的目的。

（3）根据铜、铅、锌硫化矿在不同矿浆 pH 值和不同电位 E_h 下的浮游性质差异与氧化行为，根据不同的浮选目的，确定适宜的强化抑制与活化方案。

（4）考虑浮选体系中各种氧化-还原行为及其对电位浮选的影响，在浮选药剂的添加种类、添加方式、浮选时间、流程结构等方面对传统浮选工艺参数进行适当调整，以便使新工艺取得更好的效果。

7.1.2　四川会理铜铅锌多金属硫化矿矿石性质概述

小型试验所用的四川会理铜铅锌多金属硫化矿综合样的化学多元素分析结果见表 7-1，E708 矿段样的化学多元素分析结果见表 7-2。

表 7-1　四川会理铜铅锌多金属硫化矿综合样化学成分分析结果（%）

成分	Cu	Pb	Zn	Au[①]	Ag[①]	TFe	S	Sb
含量	0.91	0.95	10.63	0.08	171	3.74	6.30	0.018
成分	As	Mn	Co	Ni	Ga[①]	Ge[①]	In[①]	Cd[①]
含量	0.095	0.05	0.008	0.006	15	9.9	0.10	661
成分	P_2O_5	Al_2O_3	SiO_2	CaO	MgO	TiO_2	Na_2O	K_2O
含量	0.18	5.14	35.62	9.79	15.95	0.50	0.15	0.79

①含量单位为 g/t。

表7-2 四川会理 E708 矿段样化学成分分析结果 （%）

成分	Cu	Pb	Zn	Au[①]	Ag[①]	TFe	S	Sb
含量	1.34	2.37	21.73	0.11	343	4.05	11.66	0.045
成分	As	Mn	Co	Ni	Ga[①]	Ge[①]	In[①]	Cd[①]
含量	0.32	0.03	0.008	0.005	24.5	20.8	0.13	1415
成分	P_2O_5	Al_2O_3	SiO_2	CaO	MgO	TiO_2	Na_2O	K_2O
含量	0.44	3.21	26.32	7.61	12.02	0.33	0.11	0.71

①含量单位为 g/t。

由表 7-1 和表 7-2 可见，矿石中的铜含量的确很高，E708 矿段样中铜、铅、锌的含量均远高于综合样中的铜、铅、锌的含量。

铜矿物的物相分析结果见表 7-3，铅矿物的物相分析结果见表 7-4，锌矿物的物相分析结果见表 7-5。

表7-3 铜矿物物相分析结果 （%）

相 别		自由 CuO 中 Cu	结合 CuO 中 Cu	次生 CuS 中 Cu	原生 CuS 中 Cu	总 Cu
综合样	含量	0.005	0.134	0.026	0.657	0.822
	占有率	0.61	16.30	3.16	79.93	100.00
E708 样	含量	0.004	0.143	0.053	1.140	1.340
	占有率	0.30	10.67	3.96	85.07	100.00

表7-4 铅矿物物相分析结果 （%）

相 别		硫化态中 Pb	氧化态中 Pb	总 Pb
综合样	含量	0.811	0.139	0.950
	占有率	85.37	14.63	100.00
E708 样	含量	1.880	0.492	2.372
	占有率	79.26	20.74	100.00

表 7-5　锌矿物物相分析结果　　　　（％）

相　别		硫化态中 Zn	氧化态中 Zn	总 Zn
综合样	含量	9.53	1.10	10.63
	占有率	89.65	10.35	100.00
E708 样	含量	19.68	2.05	21.73
	占有率	90.57	9.43	100.00

矿石中的金属矿物主要有：

（1）金银矿物：金银矿-自然银、深红银矿、硫锑铜银矿、银黝铜矿-银砷黝铜矿。

（2）铜矿物：以黄铜矿为主，其次为银黝铜矿-银砷黝铜矿、车轮矿，再次为孔雀石、铜蓝等。

（3）其他硫化矿物：闪锌矿、方铅矿、黄铁矿、毒砂等。

（4）其他矿物：异极矿、菱锌矿、白铅矿等。

矿石中的脉石矿物主要有方解石、白云石、石英、绢云母、绿泥石等。

矿石中矿物含量见表 7-6。从矿物含量统计结果来看，闪锌矿、黄铜矿与方铅矿占矿物总量约 35.98%，其中黄铜矿含量还高于方铅矿含量，其他金属矿物如磁铁矿、菱锌矿等含量较少；其余的为脉石矿物，主要为绿泥石、云母、方解石、白云石、石英等。

表 7-6　综合样矿物相对含量　　　　（％）

矿物名称	含量	矿物名称	含量	矿物名称	含量
金银矿+自然银	微量	孔雀石	微量	硫锑铜银矿	微量
黄铜矿	3.50	铜蓝	微量	深红银矿	偶见
闪锌矿	29.80	菱锌矿	0.15	绢云母	0.60

矿物名称	含量	矿物名称	含量	矿物名称	含量
银黝铜矿-银砷黝铜矿	0.20	异极矿	0.20	石 英	3.00
		硅锌矿	微量	白云石	15.00
方铅矿	2.68	磁铁矿	1.50	方解石	
车轮矿	0.10	黄铁矿	微量	绿泥石+云母	43.50
白铅矿	微量	毒 砂	微量		

矿石的构造主要为块状、斑杂状、浸染状、脉状。

（1）块状构造：由闪锌矿、黄铜矿、方铅矿、银黝铜矿、黄铁矿等硫化矿物组成致密块状。

（2）斑杂状构造：由黄铜矿及少量黄铁矿等组成的不规则集合体形态与由闪锌矿、方铅矿或脉石组成的不规则集合体形态构成斑杂状构造，呈不均匀分布，颜色因矿物成分的变化呈现出显著差异，由黄色、灰-灰黑色或白色、绿色等组成，还有粒级差异所构成的不均匀性。

（3）浸染状构造：黄铜矿、闪锌矿、银黝铜矿呈浸染状分布于脉石中。

（4）脉状构造：早期黄铁矿、闪锌矿矿脉被晚生成的闪锌矿、方铅矿、方解石脉穿切。

矿石的结构主要为自然晶结构、他形晶结构、固溶体分离结构、交代残余结构、骸晶结构、网状结构、格子状结构、嵌晶结构、碎裂结构与交错结构。

（1）自然晶结构：黄铁矿、毒砂呈自然晶产出。

（2）他形晶结构：黄铜矿、闪锌矿、银黝铜矿、方铅矿等呈他形晶。

（3）固溶体分离结构：黄铜矿与闪锌矿构成固溶体分离结构。

黄铜矿呈客晶在闪锌矿中呈乳滴状、纺锤状、格子状等，有的还呈显微文象状连晶结构。闪锌矿呈微细客晶出溶物分布于黄铜矿中呈十字形、棒状等。

（4）交代残余结构：黄铁矿被黄铜矿、方铅矿、闪锌矿、银黝铜矿交代残余，呈孤岛状、港湾状。

（5）骸晶结构：黄铁矿自形晶被银黝铜矿、黄铜矿、方铅矿交代，一般都从中心向边缘交代。

（6）网状结构：黄铁矿被网状银黝铜矿、方铅矿、闪锌矿、黄铜矿交代，它们沿两组裂纹交代而成。

（7）格子状结构：黄铜矿与闪锌矿互相呈格子状排列。

（8）嵌晶结构：他形黄铜矿、闪锌矿中包裹自形微粒毒砂。

（9）碎裂结构：黄铁矿在应力作用下发生脆性变形，被挤压破碎成碎粒、碎斑和许多裂纹，后被黄铜矿、方铅矿、黝铜矿等充填。

（10）交错结构：黄铜矿、银黝铜矿沿闪锌矿的解理充填交代成各种形态显微脉状。

综合样中铜矿物的粒级分布见表 7-7（样品取自-2mm 物料中，经筛析分级，磨制成砂光片，在显微镜下测定）。

表 7-7 综合样中铜矿物粒级分布 （%）

粒级范围/mm	个 别	累 计
+0.64	0	0
-0.64+0.32	31.97	31.97
-0.32+0.16	24.45	56.42
-0.16+0.08	18.91	75.33
-0.08+0.04	13.26	88.59
-0.04+0.02	5.92	94.51
-0.02+0.01	5.49	100.00
合 计	100.00	—

从表7-7可见，综合样中铜矿物主要分布在+0.04~+0.64mm。其中−0.16+0.08mm、−0.32+0.16mm、−0.64+0.32mm三个级别含量较高。

E708矿段样中铜、铅、锌矿物的粒级分布见表7-8（样品取自−2mm物料中，经筛析分级，磨制成砂光片，在显微镜下测定）。

表7-8 E708矿段样中铜、铅、锌矿物粒级分布

粒级范围/mm	黄铜矿		方铅矿		闪锌矿	
	个别	累计	个别	累计	个别	累计
+1.28	0	0	0	0	6.36	6.36
−1.28+0.64	0	0	21.08	21.08	21.22	27.58
−0.64+0.32	31.97	31.97	27.25	48.33	22.83	50.41
−0.32+0.16	24.45	56.42	16.69	65.02	15.25	65.66
−0.16+0.08	18.91	75.33	13.30	78.32	10.20	75.86
−0.08+0.04	13.26	88.59	7.02	85.34	7.34	83.20
−0.04+0.02	5.92	94.51	9.55	94.89	11.78	94.98
−0.02+0.01	5.49	100.00	5.11	100.00	5.02	100.00
合　计	100.00	—	100.00	—	100.00	—

由表7-8可见，E708矿段中的铜矿物较闪锌矿细小，并集中分布于−0.64+0.08mm粒级；方铅矿与闪锌矿相对较粗。在+0.08mm粒级中，黄铜矿、方铅矿、闪锌矿的累计分布均在75%以上，说明细磨是必要的。

主要矿物嵌布特征分述如下。

自然银-金银矿：呈亮乳白带黄色的反射色，硬度低、富擦痕、均质性。与毒砂连生分布于黄铜矿中。有的沿黄铜矿裂隙充填呈微脉状。另有个别金银矿，粒径0.005mm左右与硫锑铜银矿连生包裹于黄铜矿中。多数以聚粒，几个颗粒在一起与毒砂伴生包于黄铜

矿中，金银矿-自然银粒级 0.01～0.05mm，最大可达 0.1mm。

黄铜矿：他形粒状集合体组成团块状或脉状穿切交叉闪锌矿、黄铁矿。有的与方铅矿、银黝铜矿组成微脉穿切闪锌矿，一些黄铜矿沿闪锌矿裂纹和解理充填，成格子状分布于闪锌矿中。与闪锌矿、方铅矿连生关系较复杂。黄铜矿还与闪锌矿构成固溶体分离结构，黄铜矿以出溶物形式分布于闪锌矿中，呈乳滴状、网状定向排列。在黄铜矿中也可见到微细星状、十字形、棒形的闪锌矿出溶物分布。黄铜矿包裹毒砂和金银矿。毒砂呈串珠状、短束脉状在黄铜矿中分布。黄铜矿还呈不规则状充填于方解石等脉石矿物中，有时还包裹脉石矿物。

银黝铜矿-银砷黝铜矿：呈他形粒状分布于闪锌矿、方铅矿、黄铜矿中。有的与方铅矿组成微脉交叉闪锌矿并被方铅矿包裹。银黝铜矿交代黄铁矿，使黄铁矿被交代呈港湾状、骸晶状及交代穿孔状。银黝铜矿与脉石呈不规则毗邻连生，不规则状分布于方解石中。银黝铜矿还以显微文象状分布于闪锌矿中，有的还包裹毒砂微粒，有的呈脉状交叉黄铜矿，颗粒大小不等。银黝铜矿分布极不均匀，局部有富集现象。

硫锑铜银矿：呈天蓝-灰蓝反射色、均质，内反射不明显。与金银砂-自然银连生包于黄铜矿中。

毒砂：白色粉红色调反射色，双反射明显，强非均性。偏光色为绿蓝-浅黄色。自然晶菱形、粒状晶体。粒径 0.01～0.15mm，以 0.01～0.05mm 为主，聚粒或微脉状、串珠状包于黄铜矿中。

车轮矿：呈灰白带蓝的反射色，具弱双反射色和非均质。内反射不明显。与毒砂连生，包裹毒砂为主。还呈不规则状与黄铜矿连生，颗粒大小不等。

闪锌矿：呈灰色反射色，均质，内反射呈各种颜色，浅黄褐色、褐色、棕褐色等。闪锌矿与方铅矿、黄铜矿三者连生关系复杂，呈犬牙交错状。另与黄铜矿呈相互包裹，或呈固溶体分离结构互相包裹。闪锌矿还呈微细不规则状被方铅矿、黄铜矿包裹。闪锌矿与银黝铜矿连生比较复杂。银黝铜矿呈显微文象状分布于闪锌矿中，银黝铜矿还呈微细网状交叉闪锌矿。有的闪锌矿呈细粒状与粉砂岩的泥质胶结物一起胶结石英碎屑。另见绿泥石、绢云母、方解石微脉穿切闪锌矿。闪锌矿呈各种不同的颜色，有浅褐黑色、淡黄色、浅黄褐色、灰黑色、浅黄绿、棕褐等色，透明至半透明，解理发育。电磁性强度差异较大，从中等→弱→无电磁性。这些特征是闪锌矿中混入含量不同的微量元素所造成的。闪锌矿还呈单独微脉交叉黄铜矿。而多数是被方铅矿、黄铜矿、银黝铜矿微脉交叉。此外见黄铁矿被闪锌矿、黄铜矿、银黝铜矿网状交叉。

孔雀石：天蓝色、蓝绿色，纤维状、粒状，硬度较低。偏光镜下呈高级白的干涉色。

黄铁矿：分布不均匀，局部聚集，受应力作用多发生碎裂，被闪锌矿、黄铜矿、银黝铜矿、方铅矿等充填呈网状；或被上述矿物包裹溶蚀交代呈残留。连生关系复杂。

方铅矿：方铅矿嵌布特征较复杂，与闪锌矿、黄铜矿、银黝铜矿呈复杂连生。有的包裹银黝铜矿微粒，有的方铅矿中未见银黝铜矿分布，而见包裹溶蚀交代闪锌矿。方铅矿与黄铜矿、闪锌矿呈犬牙交错状复杂连生。有的方铅矿呈网状沿黄铁矿裂纹充填。

铜蓝：主要分布于黄铜矿边缘，交代黄铜矿，呈不规则状或镶边状。

取 2~0mm 的综合样品，经筛分后，磨制成砂光片，在显微镜下测定铜矿物（以黄铜矿为主）、方铅矿、闪锌矿的单体解离度，测定结果见表 7-9~表 7-11。

表7-9 黄铜矿单体解离度测定结果

粒度范围/mm	产率/%	单体含量/%	连生体含量/%		
			1/4	2/4	3/4
+0.45	47.96	59.09	2.27	11.36	27.28
-0.45+0.15	23.47	75.42	5.14	9.25	10.28
-0.15+0.076	11.22	86.80	4.26	5.11	3.83
-0.076+0.048	5.10	89.63	3.11	2.90	4.36
-0.048+0.034	4.09	94.37	2.82	0.70	2.11
-0.034	8.16	99.00	0.30	0.70	0
合 计	100.00	72.29	3.07	8.41	16.23

表7-10 方铅矿单体解离度测定结果

粒度范围/mm	产率/%	单体含量/%	连生体含量/%		
			1/4	2/4	3/4
+0.45	47.96	0	58.33	16.67	25.00
-0.45+0.15	23.47	65.12	4.65	23.26	6.98
-0.15+0.076	11.22	86.82	6.20	4.65	2.33
-0.076+0.048	5.10	90.00	0.25	2.50	7.25
-0.048+0.034	4.09	93.34	2.22	1.11	3.33
-0.034	8.16	98.50	0.25	0.50	0.75
合 计	100.00	41.47	29.88	14.19	14.46

从表7-9中看出，黄铜矿的单体解离比较高，全样达72.29%，各粒级的单体解离比较好。对选矿十分有利。

由表7-10可见，方铅矿单体解离度较低，全样为41.47%；-0.076mm以下粒级解离率较高，说明方铅矿嵌布特征较复杂，嵌布粒级较细。在连生体中，1/4的连生体占比例较大，这对铅的回收不利。

表7-11 闪锌矿单体解离度测定结果

粒度范围/mm	产率/%	单体含量/%	连生体含量/%		
			1/4	2/4	3/4
+0.45	47.96	67.03	3.78	6.49	22.70
−0.45+0.15	23.47	70.81	2.87	13.40	12.92
−0.15+0.076	11.22	79.15	5.30	7.07	8.48
−0.076+0.048	5.10	85.82	2.91	3.64	7.63
−0.048+0.034	4.09	97.79	1.12	0.56	0.48
−0.034	8.16	99.00	0.50	0.50	0
合 计	100.00	74.12	3.31	7.29	15.28

从表7-11可见，闪锌矿的单体解离度较高，全样达74.12%，各粒级的单体解离度也较高，粗粒级中的单体解离度达到67%以上。

综上，四川会理铜铅锌多金属硫化矿矿石性质表现出如下特征：

（1）与以往会理锌矿矿样相比，矿样中铜含量明显提高，达到综合回收的品位要求。随铜含量的升高，试样中银含量也明显升高，说明银含量与铜含量具有相关性，回收铜矿物的同时可有效回收银，从而有利于提高会理锌矿矿产资源利用水平。

（2）试样中矿物组成复杂，矿物种类繁多，还有一些自然银-金银矿矿物。铜矿物以黄铜矿为主，次有银黝铜矿-砷黝铜矿系列矿物。银-砷黝铜矿分布极不均匀，局部有富集现象；此外，还有微量车轮矿和次生铜矿物孔雀石、铜蓝、胆矾类矿物。

（3）试样中铜矿物嵌布特征复杂，与闪锌矿互相包裹及呈固溶体分离结构较为普遍，不仅有黄铜矿呈溶晶包于闪锌矿中，而且还有部分闪锌矿呈溶晶包于黄铜矿中。银黝铜矿-砷黝铜矿的连生关系也复杂。

（4）试样中毒砂呈微细自形晶不均匀被包裹于闪锌矿、黄铜矿、方铅矿、银黝铜矿-砷黝铜矿中，这对精矿产品质量有一定影响，是值得在选矿中重视的问题。

（5）试样中铜矿物嵌布粒级较均匀，多集中于+0.08mm 以上粒级中，铜矿物单体解离度相对较好，对选矿有利。

7.1.3 各种捕收剂对铜、铅、锌浮选行为的影响

考察了各种捕收剂对铜、铅、锌浮选行为的影响，试验条件与试验流程如图 7-1 所示，试验结果见表 7-12。

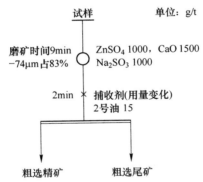

图 7-1 捕收剂对铜、铅、锌硫化矿浮选影响的试验流程

表 7-12 捕收剂选择条件试验结果 （%）

捕收剂种类与用量	产品	产率	品　位			回收率		
			Cu	Pb	Zn	Cu	Pb	Zn
丁黄药 40g/t	粗精矿	3.67	15.85	7.33	8.01	66.81	28.23	2.77
	尾矿	96.33	0.30	0.71	10.73	33.19	71.77	97.23
	原矿	100.00	0.87	0.95	10.63	100.00	100.00	100.00

续表 7-12

捕收剂种类与用量	产 品	产率	品 位			回收率		
			Cu	Pb	Zn	Cu	Pb	Zn
SN-9 号 40g/t	粗精矿	4.50	11.71	15.53	10.96	59.22	73.78	4.64
	尾 矿	95.50	0.38	0.26	10.61	40.78	26.22	95.36
	原 矿	100.00	0.89	0.95	10.63	100.00	100.00	100.00
硫氨酯 40g/t	粗精矿	2.04	4.69	—	—	10.88	—	—
	尾 矿	97.96	0.80	—	—	89.12	—	—
	原 矿	100.00	0.88	0.95	10.63	100.00	100.00	100.00
PAC 40g/t	粗精矿	3.82	8.86	—	—	38.59	—	—
	尾 矿	96.18	0.56	—	—	61.41	—	—
	原 矿	100.00	0.88	0.95	10.63	100.00	100.00	100.00
Z-200 40g/t	粗精矿	3.40	7.60	—	—	28.84	—	—
	尾 矿	96.60	0.66	—	—	71.16	—	—
	原 矿	100.00	0.90	0.95	10.63	100.00	100.00	100.00
丁黄药 30g/t + 丁铵黑药 10g/t	粗精矿	4.62	12.15	8.34	8.92	63.38	40.64	3.88
	尾 矿	95.38	0.34	0.95	10.71	36.62	59.36	96.12
	原 矿	100.00	0.91	0.95	10.63	100.00	100.00	100.00
苯胺黑药 40g/t	粗精矿	5.10	9.36	12.48	14.38	55.09	67.70	6.91
	尾 矿	94.90	0.41	0.32	10.41	44.91	32.30	93.09
	原 矿	100.00	0.87	0.94	10.61	100.00	100.00	100.00
SN-9 号 30g/t + 苯胺黑药 10g/t	粗精矿	4.42	11.32	15.26	11.92	57.31	70.87	4.96
	尾 矿	95.58	0.39	0.29	10.56	42.69	29.13	95.04
	原 矿	100.00	0.89	0.95	10.63	100.00	100.00	100.00
BK-901 40g/t	粗精矿	6.48	7.88	1.65	12.38	58.33	11.27	7.55
	尾 矿	93.52	0.39	0.90	10.51	41.67	88.73	92.45
	原 矿	100.00	0.88	0.95	10.63	100.00	100.00	100.00
LP-01 40g/t	粗精矿	6.00	9.80	1.58	10.90	66.16	9.98	6.15
	尾 矿	94.00	0.32	0.91	10.61	33.84	90.02	93.85
	原 矿	100.00	0.89	0.95	10.63	100.00	100.00	100.00

由表 7-12 可见，硫氨酯、PAC、Z-200 等对会理锌矿的铜矿物捕收能力较差，丁黄药、SN-9 号、苯胺黑药、丁黄药+丁铵黑药、苯胺黑药、丁黄药+苯胺黑药等尽管对铜矿物有较好的捕收能力，但它们对铅矿物也有较好的捕收能力，适宜作铜-铅混浮的捕收剂，BK-901 与 LP-01 尽管对铜矿物的捕收能力不及丁黄药、SN-9 号、苯胺黑药、丁黄药+丁铵黑药、苯胺黑药、丁黄药+苯胺黑药等，但它们对铅矿物的捕收能力极弱，因此可作优先浮铜的捕收剂。

7.1.4 选铜捕收剂 LP-01 用量对铜铅锌硫化矿选铜指标的影响

选定自行研制的新型黄铜矿捕收剂 LP-01 作优先浮铜的捕收剂，并对其用量条件进行了详细研究，试验条件如图 7-2 所示，试验结果见表 7-13。为了使捕收剂 LP-01 的作用效果充分发挥，同时采用了与捕收剂 LP-01 配套的起泡剂 LQ-01，并固定其用量为 7g/t。

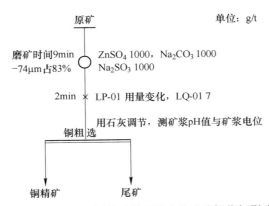

图 7-2 选铜捕收剂 LP-01 用量对铜铅锌硫化矿选铜指标影响试验流程

从表 7-13 可见，随捕收剂 LP-01 用量的增大，优先浮铜所得的铜精矿中铜回收率增大，而杂质铅、锌的含量并未增大，说明捕收剂 LP-01 对铜矿物有极好的选择性捕收能力，捕收剂 LP-01 的用量取21g/t已足够。此时测得的矿浆pH值为8.0~9.5，矿浆电位为−35.5~−10.3mV，换算为氢标电位则是159.5~184.7mV，与之前理论计算的黄铜矿最佳浮选电位（0.15~0.20V）基本吻合。

表7-13　LP-01用量条件试验结果 　　　　　（%）

LP-01用量 /g·t⁻¹	产品	产率	品位			回收率		
			Cu	Pb	Zn	Cu	Pb	Zn
14	粗精矿	4.35	10.59	1.32	10.04	51.19	6.17	4.11
	尾矿	95.65	0.46	0.91	10.66	48.81	93.83	95.89
	原矿	100.00	0.90	0.93	10.63	100.00	100.00	100.00
21	粗精矿	5.86	10.08	1.34	10.27	64.91	8.44	5.66
	尾矿	95.14	0.34	0.90	10.65	35.09	91.56	94.34
	原矿	100.00	0.91	0.93	10.63	100.00	100.00	100.00
28	粗精矿	5.98	9.72	1.48	10.23	63.87	9.52	5.76
	尾矿	94.02	0.35	0.90	10.66	36.13	90.48	94.24
	原矿	100.00	0.91	0.93	10.63	100.00	100.00	100.00
35	粗精矿	5.82	10.59	1.68	10.47	68.48	10.51	5.73
	尾矿	94.18	0.30	0.90	10.64	31.52	89.49	94.27
	原矿	100.00	0.91	0.93	10.63	100.00	100.00	100.00
42	粗精矿	6.04	9.62	1.52	10.45	64.56	9.87	5.94
	尾矿	93.96	0.34	0.89	10.64	35.44	90.13	94.06
	原矿	100.00	0.91	0.93	10.63	100.00	100.00	100.00

7.1.5　调整剂用量对铜铅锌硫化矿选铜指标的影响

对 Na_2CO_3 与 $ZnSO_4 + Na_2SO_3$ 组合抑制剂的用量条件也进行了试验，试验流程和条件如图7-3所示，试验结果见表7-14。

从表7-14可见，$ZnSO_4 + Na_2SO_3$ 的用量对优先浮铜影响较大，而 Na_2CO_3 的用量对优先浮铜影响不显著，综合比较优先浮铜粗精矿中铜的回收率与品位、杂质含量等因素，选择 $ZnSO_4 + Na_2SO_3$ 的用量为1000g/t+1000g/t。

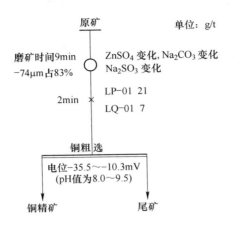

图 7-3 调整剂用量对铜铅锌硫化矿选铜指标影响试验流程

表 7-14 调整剂条件试验结果 （%）

调整剂种类与用量	产品	产率	品位			回收率		
			Cu	Pb	Zn	Cu	Pb	Zn
Na_2CO_3 0g/t	粗精矿	7.29	9.27	1.78	10.98	75.09	13.95	7.53
$ZnSO_4$ 600g/t	尾 矿	92.71	0.24	0.86	10.60	24.91	86.05	92.47
Na_2SO_3 600g/t	原 矿	100.00	0.90	0.93	10.63	100.00	100.00	100.00
Na_2CO_3 0g/t	粗精矿	6.58	10.42	1.23	10.12	75.34	8.70	6.26
$ZnSO_4$ 1000g/t	尾 矿	93.42	0.24	0.91	10.67	24.66	91.30	93.74
Na_2SO_3 1000g/t	原 矿	100.00	0.91	0.93	10.63	100.00	100.00	100.00
Na_2CO_3 1000g/t	粗精矿	7.11	9.45	1.67	10.82	74.66	12.77	7.24
$ZnSO_4$ 600g/t	尾 矿	92.89	0.25	0.87	10.62	25.34	87.23	92.76
Na_2SO_3 600g/t	原 矿	100.00	0.90	0.93	10.63	100.00	100.00	100.00
Na_2CO_3 1000g/t	粗精矿	6.62	10.45	1.21	10.34	76.87	8.61	6.44
$ZnSO_4$ 1000g/t	尾 矿	93.38	0.22	0.91	10.65	23.13	91.32	93.56
Na_2SO_3 1000g/t	原 矿	100.00	0.90	0.93	10.63	100.00	100.00	100.00

7.1.6 铅锌选别条件及用量试验

优先浮铜后，对浮铜尾矿进行了选铅的条件试验，选铅采用 SN-9 号作捕收剂，为加强对锌矿物的抑制，采用 $ZnSO_4+Na_2SO_3$ 组合抑制剂方案，并用石灰调节矿浆 pH 值（或电位），采用 3 因素 2 水平析因法进行试验，确定后续选铅粗选条件为：石灰用量 6kg/t，$ZnSO_4+Na_2SO_3$ 的总用量（1 : 1）2000g/t，SN-9 号用量 20g/t，2 号油用量 7g/t。此时，矿浆的 pH 值为 11.3 ~ 11.5，电位为 $-8.5 ~ 13.26mV$。

对铜铅锌依次优先浮选选锌时添加的活化剂 $CuSO_4$ 与捕收剂丁黄药的用量进行了 2 因素 3 水平析因试验，确定活化剂 $CuSO_4$ 的用量取 600g/t，捕收剂丁黄药的用量取 130g/t 较为适宜。

对选锌粗选是否要补加石灰进行了试验，试验结果表明在锌粗选作业是否要补加石灰对选锌的影响不大，这可能是因为在选铅时加入的石灰量较大，在矿浆体系中形成了缓冲液所致，为此在选锌时粗选不再添加石灰。

因原矿锌品位较高，只需一次精选即可获得含锌 55% 左右的锌精矿，因此锌的精选次数定为一次，且为空白精选。

7.1.7 四川会理锌矿铜铅锌多金属硫化矿电位调控优先浮选工艺小型闭路试验

在条件试验与开路试验的基础上，进行了如图 7-4 所示的小型闭路试验，试验结果见表 7-15。

对四川会理锌矿 E708 矿段试样进行了详细的铜铅锌电位调控依次优先浮选方案的试验。在条件试验与开路试验的基础上，进行了如图 7-5 所示的小型闭路试验，试验结果见表 7-16。

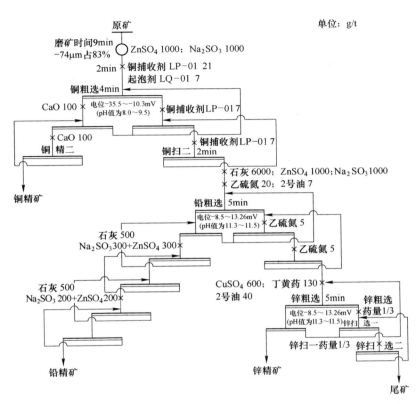

图 7-4 会理锌矿综合样铜铅锌多金属硫化矿电位调控优先浮选小型闭路试验流程

表 7-15 会理锌矿综合样铜铅锌多金属硫化矿电位调控

优先浮选小型闭路试验结果 （%）

产品	产率	品 位				回收率			
		Cu	Pb	Zn	Ag[①]	Cu	Pb	Zn	Ag[①]
铜精矿	2.50	21.74	3.09	9.09	3255	59.54	8.13	2.14	47.60
铅精矿	0.83	1.69	61.23	7.71	1059	1.54	53.47	0.60	5.14
锌精矿	16.43	0.99	1.44	56.43	333	17.82	24.89	87.22	32.00
尾矿	80.24	0.24	0.16	1.33	32.5	21.10	13.51	10.04	15.26
原矿	100.00	0.91	0.95	10.63	171	100.00	100.00	100.00	100.00

①Ag 的品位为 g/t。

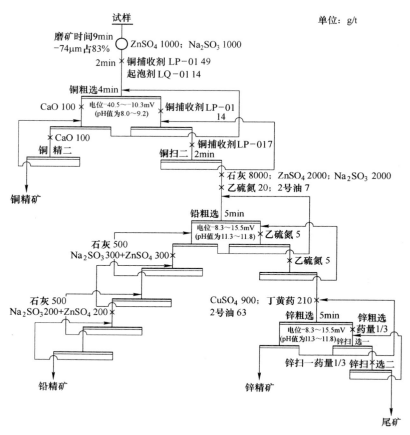

图 7-5 会理锌矿 E708 矿段样铜铅锌多金属硫化矿
电位调控优先浮选小型闭路试验流程

表 7-16 会理锌矿 E708 矿段样铜铅锌多金属硫化矿
电位调控优先浮选小型闭路试验结果　　　（%）

产品	产率	品　位				回收率			
		Cu	Pb	Zn	Ag[①]	Cu	Pb	Zn	Ag[①]
铜精矿	3.17	24.67	4.59	8.98	4700	58.28	6.14	1.31	43.44
铅精矿	2.78	1.21	63.86	6.36	1122	2.51	74.90	0.81	9.09

续表 7-16

产品	产率	品 位				回收率				
		Cu	Pb	Zn	Ag①	Cu	Pb	Zn	Ag①
锌精矿	35.51	1.02	0.87	55.75	401	26.99	13.03	91.09	41.51
尾　矿	58.54	0.28	0.24	2.52	34.9	12.22	5.93	6.79	5.96
原　矿	100.00	1.34	2.37	21.73	343	100.00	100.00	100.00	100.00

①Ag 的品位为 g/t。

采用"铜铅锌多金属硫化矿电位调控优先浮选工艺"方案，即采用 LP-01 捕收剂，Na_2SO_3 +$ZnSO_4$ 作铅锌硫矿物的抑制剂优先浮选铜矿物，浮铜后采用 SN-9 号作铅矿物捕收剂，Na_2SO_3 +$ZnSO_4$ 作锌硫矿物抑制剂抑锌浮铅，浮铅后尾矿采用硫酸铜作活化剂，丁黄药作捕收剂浮锌的方案，在原矿含铜 0.91%、铅 0.95%、锌 10.63% 的情况下，可获得含铜 21.74%、铅 3.09%、锌 9.09%，铜回收率 59.54% 的铜精矿，含铜 1.69%、铅 61.23%、锌 7.71%，铅回收率 53.47% 的铅精矿，含铜 0.99%、铅 1.44%、锌 56.43%，锌回收率 87.22% 的锌精矿；银在铜、铅、锌精矿中的回收率分别为 47.60%、5.14%、32.00%。对 E708 矿段试样，采用"铜铅锌多金属硫化矿电位调控优先浮选工艺"方案，在原矿含铜 1.34%、铅 2.37%、锌 21.73% 的情况下，可获得含铜 24.67%、铅 4.59%、锌 8.98%，铜回收率 58.28% 的铜精矿；含铜 1.21%、铅 63.86%、锌 6.36%，铅回收率 74.90% 的铅精矿；含铜 1.02%、铅 0.87%、锌 55.75%，锌回收率 91.09% 的锌精矿；银在铜、铅、锌精矿中的回收率分别为 43.44%、9.09%、41.51%。采用该工艺不仅可获得品质更优的铜、铅、锌独立精矿，而且伴生银更有效地富集在铜、铅、锌精矿中得以综合回收。

7.2 新疆鄯善县难选铜铅锌多金属硫化矿石电位调控优先浮选工艺小型试验

新疆鄯善县众和矿业有限责任公司所属的铜铅锌多金属矿物的主要矿石矿物为黄铜矿、闪锌矿、方铅矿，并含有伴生银（金）贵金属等有益组分。公司选厂原有的选矿流程为"铜铅混浮—铜铅分离—铜铅混浮尾矿直接浮锌"，目前因矿物性质复杂、铜铅分离效果较差，难以得到合格的铜精矿与铅精矿，进而影响到公司的经济效益。为此，委托项目组开展"新疆鄯善县众和矿业有限责任公司铜铅锌矿石综合选矿指标试验研究"，目的是优化铜铅锌浮选工艺流程，提高铜铅锌浮选分离的指标。

小型试验从 2008 年 10 月 14 日开始，于 2008 年 12 月 24 日结束。研究发现：新疆鄯善县众和矿业有限责任公司所属的铜铅锌多金属矿石中金属矿物主要有黄铜矿、砷黝铜矿、方铅矿及闪锌矿，矿石中矿物嵌布特征较复杂，其中一些黄铜矿呈微细状被闪锌矿、磁铁矿和脉石包裹。方铅矿被闪锌矿包裹。矿物嵌布粒度以中粒为主，方铅矿为细-中粒嵌布，这种嵌布特征难于解离，对选矿不利。从矿石中目的矿物的单体解离情况看，方铅矿单体解离较差，黄铜矿和闪锌矿较好些，但细粒级未达到完全解离。

考虑到新疆鄯善县众和矿业有限责任公司所属的该铜铅锌多金属矿石中铜矿物单体解离较好，实验室小型试验考虑将铜矿物单独浮出，同时，探索性试验结果表明采用项目组自行开发的 LP-01 对铜矿物有极好捕收能力，在用量极小的条件下，就能实现铜矿物的优先浮选分离，为此，实验室小型试验主要研究了铜铅锌依次优先浮选方案。同时，考察了使用选矿厂当地生产用水为补加水对闭路流程试验的影响；通过对选矿工艺调优，实验室小型试验还进行了铜铅混浮—铜铅分离—再浮锌闭路流程试验，试验结果见表 7-17。

表 7-17 新疆鄯善铜铅锌多金属硫化矿不同补加水
方案小型闭路试验指标 （%）

产品名称	产率	品位			回收率		
		Cu	Pb	Zn	Cu	Pb	Zn
使用实验室清水为补加水铜铅锌依次优先浮选的闭路试验结果							
铜精矿	2.08	24.27	2.03	2.58	88.56	7.68	2.82
铅精矿	0.76	2.53	50.73	8.69	3.37	70.10	3.48
锌精矿	2.99	0.36	1.31	52.10	1.89	7.12	81.99
尾 矿	94.17	0.04	0.09	0.24	6.18	15.10	11.71
原 矿	100.00	0.57	0.55	1.90	100.00	100.00	100.00
使用选矿厂生产用水为补加水铜铅锌依次优先浮选的闭路试验结果							
铜精矿	1.95	23.86	2.21	2.39	83.08	7.98	2.44
铅精矿	0.75	2.93	48.79	9.90	3.92	67.76	3.89
锌精矿	2.99	0.37	1.81	51.14	1.98	10.02	80.06
尾 矿	94.31	0.07	0.08	0.28	11.02	14.24	13.61
原 矿	100.00	0.56	0.54	1.91	100.00	100.00	100.00
铜铅混浮—铜铅分离—铜铅混浮尾矿直接浮锌闭路流程试验结果							
铜精矿	1.85	21.18	10.76	2.79	68.74	37.56	2.69
铅精矿	0.68	12.93	31.79	9.73	15.43	40.79	3.45
锌精矿	3.10	0.37	1.81	50.16	2.01	10.59	80.99
尾 矿	94.37	0.04	0.06	0.26	13.82	11.06	12.87
原 矿	100.00	0.57	0.53	1.92	100.00	100.00	100.00

从表 7-17 可见，使用实验室清水为补加水，采用铜铅锌多金属硫化矿电位调控优先浮选工艺，可获得质量相对较好的铜、铅、锌精矿，而使用选矿厂当地生产用水为补加水，对铜矿物及铅矿物的选别指标有所影响。铜铅混浮—铜铅分离—再浮锌的方案，铜铅分离难度较大，要采用对环境不友好的 K_2CrO_7 抑制铅矿物，同时铜铅分离效果也较差，所获得的铜精矿铅、锌含量高，也影响了铅、锌的回收率。

7.2.1 新疆鄯善铜铅锌多金属硫化矿矿石性质概述

新疆鄯善铜铅锌多金属硫化矿试样的化学成分化验结果见表7-18。

表 7-18 新疆鄯善铜铅锌多金属硫化矿综合样化学成分分析结果

（%）

成分	Cu	Pb	Zn	S	SiO_2
含量	0.52	0.57	1.90	5.01	63.24
成分	CaO	As	Al_2O_3	Ag[①]	Au[①]
含量	1.20	0.25	3.70	15	2.9

①含量单位为 g/t。

由表7-18可见，矿石中的铜、铅、锌含量较高，是主要回收的元素，主要的脉石是含 SiO_2 的矿物。

矿石中金属矿物主要有黄铜矿、砷黝铜矿、方铅矿、闪锌矿、黄铁矿、白铁矿、磁铁矿、磁黄铁矿、铜蓝、褐铁矿等。

脉石矿物主要有石英、绿泥石、绢云母、角闪石、方解石、长石等。

矿石中矿物含量见表7-19。从矿物含量统计结果来看，闪锌矿、黄铜矿与方铅矿占矿物总量约4.65%，其中黄铜矿含量还高于方铅矿含量，其他金属矿物如砷黝铜矿、磁铁矿等含量较少；其余的为脉石矿物，主要为绿泥石、绢云母、石英等。

表 7-19 新疆鄯善铜铅锌多金属硫化矿综合样矿物相对含量 （%）

矿物名称	含量	矿物名称	含量	矿物名称	含量
黄 铜 矿	1.20	白 铁 矿	微量	角 闪 石	微量
方 铅 矿	0.70	磁黄铁矿	微量	方 解 石	微量
闪 锌 矿	2.75	铜 蓝	微量	长 石	微量

矿物名称	含量	矿物名称	含量	矿物名称	含量
磁铁矿	1.20	褐铁矿	微量	绢云母	20.00
黄铁矿	6.00	石英	40.00	锆石	偶见
砷黝铜矿	微量	绿泥石	28.00		

　　新疆鄯善铜铅锌多金属硫化矿试样的构造主要有块状、浸染状、角砾状与斑杂状构造。

　　（1）块状构造：由闪锌矿、黄铜矿、黄铁矿、方铅矿等硫化矿物组成致密块状。

　　（2）浸染状构造：闪锌矿、黄铜矿、方铅矿、黄铁矿呈浸染状分布。

　　（3）角砾状构造：岩石被构造应力作用，破碎成角砾被硫化矿物充填胶结。

　　（4）斑杂状构造：闪锌矿集合体、黄铜矿集合体呈不规则状，大小不等，分布极不均匀，某些部位较稠密，某些部位稀疏分布于脉石中，构成斑杂状。

　　新疆鄯善铜铅锌多金属硫化矿试样的结构主要有自然晶结构、他形晶结构、包含结构、交代穿孔结构、交代显微文像结构、交代港湾状结构与固溶体分离结构。

　　（1）自然晶结构：磁铁矿呈自形晶、八面体，黄铁矿呈立方体自形晶。

　　（2）他形晶结构：黄铜矿、闪锌矿、黄铜矿、方铅矿等呈他形晶。

　　（3）包含结构：闪锌矿、黄铜矿包裹自形的黄铁矿。

　　（4）交代穿孔结构：黄铜矿微粒交代磁铁矿呈穿孔。

　　（5）交代显微文像结构：闪锌矿被方铅矿、黄铜矿交代呈不规则状，似文象结构。

（6）交代港湾状结构：黄铜矿、方铅矿交代黄铁矿呈港湾状。

（7）固溶体分离结构：在闪锌矿中分布黄铜矿乳滴状出溶物。

主要矿物嵌布特征分述如下：

黄铜矿呈不规则带状、团块状、浸染状、星散状等分布；黄铜矿与闪锌矿呈不规则状毗邻镶嵌，极少数呈细小不规则状包裹于闪锌矿中；有的呈不规则带状包含圆粒的闪锌矿；有的呈微粒（0.008～0.05mm）交代磁铁矿被磁铁矿包裹；黄铜矿与方铅矿连生，共同交代闪锌矿、黄铁矿，或沿黄铁矿粒间充填；黄铜矿呈不规则状、脉状穿切胶结石英角砾；黄铜矿以浸染状、星点状分布于脉石中。

方铅矿呈不规则状、短束脉状、星点状分布，被闪锌矿包裹；有的与黄铜矿连生交代闪锌矿和黄铁矿；有的呈不规则条带状，包含圆形的闪锌矿，与闪锌矿呈规则或不规则状连生；有的方铅矿交代黄铁矿、闪锌矿呈港湾状；有的方铅矿微粒不规则状在脉石中分布；微少量的方铅矿被黄铜矿包裹。

闪锌矿呈团块状、浸染状、网脉状、星点状分布；有的被方铅矿脉穿切交叉；有的闪锌矿包裹不规则状黄铜矿、方铅矿；有的包裹磁铁矿、黄铁矿；有的呈微脉交代黄铁矿。

黄铁矿呈自形粒状，局部聚集，有的被黄铜矿、方铅矿包裹交代。

取原矿2～0mm综合样，经过分级过筛后，分别磨制成砂光片，在显微镜下测定矿物的粒级分布，测试结果见表7-20。

由表7-20可见，黄铜矿和闪锌矿嵌布粒度较粗些，属于中粒嵌布。方铅矿的嵌布粒度较小，属细中粒范围。

取2～0mm的综合样品，经筛分后，磨制成砂光片，在显微镜下测定黄铜矿、方铅矿、闪锌矿的单体解离度，测定结果见表 7-21～表 7-23。

表 7-20 新疆鄯善铜铅锌多金属硫化矿综合样矿石主要矿物粒级分布

粒级范围/mm	黄铜矿/%		方铅矿/%		闪锌矿/%	
	个别	累计	个别	累计	个别	累计
+1.28	55.96	55.95	0	0	43.78	43.78
-1.28+0.64	18.97	74.95	12.40	12.40	23.35	67.13
-0.64+0.32	9.99	84.94	28.94	41.34	16.42	83.55
-0.32+0.16	7.25	92.19	20.67	62.01	8.39	91.94
-0.16+0.08	4.75	96.94	21.71	83.72	5.20	97.14
-0.08+0.04	2.31	99.25	12.92	96.64	2.00	99.20
-0.04+0.02	0.75	100.00	3.36	100.00	0.80	100.00
合 计	100.00	—	100.00	—	100.00	—

表 7-21 新疆鄯善铜铅锌多金属硫化矿综合样黄铜矿单体解离度测定结果

粒度范围/mm	产率/%	单体含量/%	连生体含量/%		
			1/4	2/4	3/4
+0.45	60.50	74.22	10.86	8.14	6.78
-0.45+0.15	15.50	83.92	3.96	5.12	7.00
-0.15+0.076	7.00	89.17	1.91	5.10	3.82
-0.076+0.045	5.00	94.32	2.52	2.53	0.63
-0.045	12.00	98.50	1.00	0.50	0
合 计	100.00	80.68	7.56	6.26	5.49

从表 7-21 中看出黄铜矿的单体解离较好，全样达 80.68%，+0.076mm 粒级将近达到 90%，但-0.045mm 粒级仍未达到全部解离，这与黄铜矿嵌布特征和嵌布粒度有关。

从表 7-22 中看出方铅矿的单体解离较差，全样仅 65.12%，粗粒级解离率只有 50%，+0.045mm 只占 91.02%，这与方铅矿的嵌布特征较复杂、嵌布粒度较细有关。

表 7-22 新疆鄯善铜铅锌多金属硫化矿综合样方铅矿单体解离度测定结果

粒度范围/mm	产率/%	单体含量/%	连生体含量/%		
			1/4	2/4	3/4
+0.45	60.50	50.63	8.86	16.67	25.00
-0.45+0.15	15.50	79.53	4.68	23.26	6.98
-0.15+0.076	7.00	83.33	6.94	4.65	2.33
-0.076+0.045	5.00	91.02	3.59	2.50	7.25
-0.045	12.00	98.20	1.20	0.50	0.75
合　计	100.00	65.12	6.90	12.99	1498

表 7-23 新疆鄯善铜铅锌多金属硫化矿综合样闪锌矿单体解离度测定结果

粒度范围/mm	产率/%	单体含量/%	连生体含量/%		
			1/4	2/4	3/4
+0.45	60.50	71.79	5.13	11.54	11.54
-0.45+0.15	15.50	73.80	2.67	7.49	16.04
-0.15+0.076	7.00	84.71	2.35	4.35	8.59
-0.076+0.045	5.00	94.28	0.33	1.35	4.04
-0.045	12.00	97.80	1.30	0.40	0.50
合　计	100.00	77.25	3.85	8.56	10.33

从表 7-23 可见，闪锌矿的单体解离度属中等，全样有 77.25%，虽然+0.045mm 可达 71.79%，但−0.045mm 还是未达到完全解离。

综上，新疆鄯善铜铅锌多金属硫化矿综合样矿石性质表现出如下特征：

（1）矿石矿物组成较复杂，除目的矿物外，还有黄铁矿、磁铁矿等矿物。非金属矿物以石英、绿泥石、绢云母为主。

（2）矿石中矿物嵌布特征较复杂，其中一些黄铜矿呈微细状被闪锌矿、磁铁矿和脉石包裹。方铅矿被闪锌矿包裹。矿物嵌布粒度以中粒为主，方铅矿为细-中粒嵌布。这种嵌布特征难于单体解离，对选矿不利。

（3）从矿石中目的矿物的单体解离情况看，方铅矿单体解离较差，黄铜矿和闪锌矿较好些，但细粒级未达到完全解离。

7.2.2 新疆鄯善铜铅锌多金属硫化矿铜粗选捕收剂的选择

根据以往试验经验，选取 LP-01 为选铜捕收剂。按图 7-6 流程、磨矿细度及抑制剂 $ZnSO_4 + Na_2SO_3$ 用量进行了铜粗选 LP-01 用量试验。试验结果见表 7-24。

表 7-24　新疆鄯善铜铅锌多金属硫化矿铜粗选捕收剂
用量对试验结果的影响　　　　　　（％）

LP-01 用量 /g·t⁻¹	产品名称	产率	品　位			回收率		
			Cu	Pb	Zn	Cu	Pb	Zn
14	铜精矿	4.60	11.61	4.30	2.11	89.88	35.96	5.11
21	铜精矿	5.45	9.86	5.16	2.35	91.08	51.13	6.74
28	铜精矿	7.12	7.48	5.32	2.39	93.48	71.47	9.05
35	铜精矿	6.73	7.72	5.42	2.43	91.15	67.55	8.65

由表 7-24 可见，随着 LP-01 的用量增加，铜精矿中铜品位下降。但是，铜精矿中铜的回收率变化不是很大。综合考虑，选取 LP-01 用量 14 g/t 已足够，此时测得矿浆 pH 值为 8.5～9.5，矿浆电位为 -40～-20mV，换算为氢标电位则是 155～175mV，与之前理论计算的黄铜矿最佳浮选电位（0.15～0.20V）基本吻合。铜精矿中铜品位为 11.61%，回收率为 89.88%，并且铅锌的含量达到最低值。

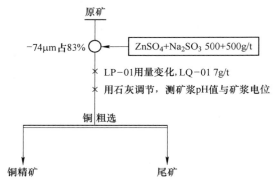

图 7-6　LP-01 用量试验流程

7.2.3　新疆鄯善铜铅锌多金属硫化矿铜粗选抑制剂的选择

在 pH 值为 8.5~9.5，矿浆电位为 -40 ~ $-20mV$ 的条件下，固定 LP-01 用量为 14g/t、LQ-01 用量为 7g/t，按图 7-7 流程对 $ZnSO_4$ + Na_2SO_3 进行了条件试验，试验结果见表 7-25。由表 7-25 可见，$ZnSO_4$+ Na_2SO_3 的用量对铜浮选影响较大。试验结果表明，增加 Na_2SO_3 的用量能有效抑制铅，提高铜精矿中铜的品位。当 $m(Na_2SO_3) : m(ZnSO_4) = 4 : 1$ 时，即 Na_2SO_3 2000g/t、$ZnSO_4$ 500g/t，

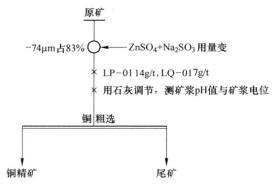

图 7-7　铜粗选抑制剂的用量试验流程

铜精矿中铜的品位大大提高。综合比较，确定 $Na_2SO_3 + ZnSO_4$ 用量为 2500g/t。

表 7-25　铜粗选抑制剂用量对试验结果的影响　（％）

抑制剂方案	产品名称	产率	品　位			回收率		
			Cu	Pb	Zn	Cu	Pb	Zn
$ZnSO_4$ 250g/t+ Na_2SO_3 250g/t	铜精矿	5.20	10.33	4.62	2.43	91.04	46.20	6.65
$ZnSO_4$ 500g/t+ Na_2SO_3 500g/t	铜精矿	4.60	11.61	4.30	2.11	89.88	35.96	5.11
$ZnSO_4$ 750g/t+ Na_2SO_3 750g/t	铜精矿	4.88	10.77	3.96	2.13	88.08	35.56	5.19
$ZnSO_4$ 500g/t+ Na_2SO_3 750g/t	铜精矿	3.91	13.44	3.01	2.11	89.07	22.63	4.37
$ZnSO_4$ 500g/t+ Na_2SO_3 1000g/t	铜精矿	3.02	15.87	2.84	2.15	83.92	17.04	3.53
$ZnSO_4$ 500g/t+ Na_2SO_3 1500g/t	铜精矿	3.00	16.52	2.51	2.17	86.95	13.45	3.44
$ZnSO_4$ 500g/t+ Na_2SO_3 2000g/t	铜精矿	3.20	15.01	1.70	2.14	81.41	10.46	3.60

7.2.4　新疆鄯善铜铅锌多金属硫化矿铅粗选捕收剂的选择

采用 $ZnSO_4 + Na_2SO_3$ 作锌矿物的抑制剂，在矿浆 pH 值为 11.0～11.5、矿浆电位 -13.5～10.5mV 的条件下考察不同捕收剂方案对铅粗选的影响，试验流程如图 7-8 所示，结果见表 7-26。由表 7-26 可见，用单种捕收剂的时候对铅的捕收效果不是很好，当用 SN-9 号+丁铵黑药混合捕收剂的时候，铅精矿中铅的品位大大提高。因此，在后续试验中铅粗选的捕收剂选用 SN-9 号+丁铵黑药混合捕收剂，经过探索选取 SN-9 号与丁铵黑药配比为 1:1，用量为 40g/t。

表 7-26　不同捕收剂对铅粗选的影响　（％）

捕收剂 /g·t^{-1}	产品	产率	品　位			回收率		
			Cu	Pb	Zn	Cu	Pb	Zn
SN-9 号 40	铅精矿	3.98	0.66	9.95	11.18	4.53	70.72	23.42
丁黄药 40	铅精矿	4.19	0.52	4.18	13.68	3.69	31.84	30.33
丁铵黑药 40	铅精矿	2.55	1.05	3.02	14.56	4.62	14.26	19.75
SN-9 号 20 + 丁铵黑药 20	铅精矿	2.65	0.63	14.22	10.25	2.88	71.10	14.22

7.2.5 新疆鄯善铜铅锌多金属硫化矿铅粗选矿浆 pH 值与矿浆电位 E_h 的影响

由前面的试验可以看出，铅粗选中铅精矿中含锌量较多，石灰是用作矿浆 pH 值和矿浆电位的调整剂与稳定剂，同时对锌有一定的抑制效果。根据图 7-8 对石灰用量进行了考察，试验结果见表 7-27。

表 7-27　铅粗选石灰用量对试验结果的影响　　　　　（%）

石灰用量 /kg·t⁻¹	矿浆 pH 值	矿浆电位 $E_h^①$/mV	产品名称	产率	品位			回收率		
					Cu	Pb	Zn	Cu	Pb	Zn
0.5	8.56	−50.8	铅精矿	4.03	0.7	9.4	12.33	5.49	70.38	26.12
1	9.98	−35.8	铅精矿	2.46	0.86	14.35	7.61	3.65	64.18	9.91
2	10.62	−13.5	铅精矿	1.98	0.83	19.46	9.28	2.88	70.06	9.62
3	11.26	10.2	铅精矿	1.65	0.86	23.16	6.72	2.45	72.10	5.90

①此矿浆电位未换算为标准氢标电位。

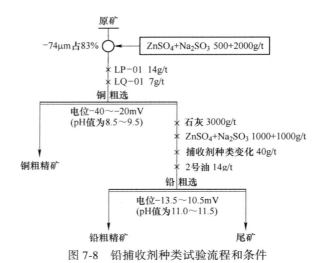

图 7-8　铅捕收剂种类试验流程和条件

由表 7-27 可知，在铅粗选铅精矿中，当石灰用量少时，有很大一部分锌上浮；当石灰的用量加大时，矿浆电位 E_h 也下降，锌的含量减少；当石灰用量为 3kg/t 时，锌含量最少。此时，矿浆 pH 值为 11.26，矿浆电位 10.2mV，校正为氢标电位为 205.2mV，铅浮选回收率达到最大值，与理论计算的 0.2V 左右基本吻合。并且，铅粗精矿中锌含量也达到最低值。所以，在后续试验中铅粗选石灰用量为 3kg/t。可见，方铅矿浮选的电位与矿浆 pH 值正好是锌矿物被较好地抑制。

7.2.6 新疆鄯善铜铅锌多金属硫化矿铅粗选抑制剂的选择

在矿浆 pH 值为 11.0~11.5、矿浆电位 -13.5~10.5mV 条件下，采用 SN-9 号+丁铵黑药作铅矿物的捕收剂，考察不同抑制剂方案对铅粗选的影响，试验结果见表 7-28。由表 7-28 可见，适当增大 $ZnSO_4$ 的用量对锌的抑制效果更好，从 Na_2SO_3 和 $ZnSO_4$ 配比试验，可以看出当两者的配比为 2:3 时，铅的浮选指标最好，此时锌也能很好地被抑制，合适的用量为 Na_2SO_3 1000g/t + $ZnSO_4$ 1500g/t。

表 7-28　铅铜粗选抑制剂用量对试验结果的影响　　（%）

Na_2SO_3 + $ZnSO_4$ 用量/g·t^{-1}	产品 名称	产率	品　位			回收率		
			Cu	Pb	Zn	Cu	Pb	Zn
$ZnSO_4$ 500g/t+ Na_2SO_3 500g/t	铅精矿	3.10	0.72	10.23	13.31	3.78	56.63	21.83
$ZnSO_4$ 750g/t+ Na_2SO_3 750g/t	铅精矿	1.44	1.08	17.22	13.67	2.64	44.28	10.36
$ZnSO_4$ 1500g/t+ Na_2SO_3 500g/t	铅精矿	2.35	0.74	15.47	9.13	3.05	67.32	11.29
$ZnSO_4$ 1500g/t+ Na_2SO_3 1000g/t	铅精矿	1.65	0.86	23.16	6.72	2.45	72.10	5.90
$ZnSO_4$ 2000g/t+ Na_2SO_3 1000g/t	铅精矿	1.99	0.67	19.46	8.06	2.30	71.71	8.44
$ZnSO_4$ 2000/t+ Na_2SO_3 1500g/t	铅精矿	1.93	0.88	20.06	7.45	2.93	71.70	7.57

7.2.7 新疆鄯善铜铅锌多金属硫化矿锌粗选捕收剂的选择

在 pH 值为 11.0~11.5、矿浆电位−13.5~10.5mV 的高碱条件下，在选铅尾矿中继续选锌，主要考察丁基黄药用量对选铅试验指标的影响，试验结果见表 7-29。由表 7-29 可以看出，当丁基黄药的用量为 80g/t 时，锌精矿中铅锌的品位为 42.47%，回收率有 72.42%，所以合适的丁基黄药的用量为 80g/t。

表 7-29　锌粗选丁基黄药用量试验结果　　　　（%）

丁黄药用量 /$g \cdot t^{-1}$	产品名称	产率	品　位			回收率		
			Cu	Pb	Zn	Cu	Pb	Zn
80	锌精矿	3.24	0.20	0.29	42.47	1.12	1.68	72.42
100	锌精矿	3.72	0.17	0.28	38.04	1.11	1.93	74.87
120	锌精矿	3.42	0.75	0.59	39.70	4.42	3.81	71.84
140	锌精矿	3.57	0.36	0.46	38.51	2.22	2.93	72.36

7.2.8 新疆鄯善铜铅锌多金属硫化矿电位调控优先浮选工艺小型闭路试验

在条件试验与开路流程试验的基础上，进行了图 7-9 的闭路流程试验，试验结果见表 7-17。由表 7-17 可见，采用电位调控优先浮选新工艺处理该铜铅锌多金属硫化矿石，在原矿含铜 0.57%、铅 0.55%、锌 1.90% 的情况下，可获得含铜 24.27%、铅 2.03%、锌 2.58%，铜回收率 88.56% 的铜精矿，含铜 2.53%、铅 50.73%、锌 8.69%，铅回收率 70.10% 的铅精矿，含铜 0.36%、铅 1.31%、锌 52.10%，锌回收率 81.99% 的锌精矿。

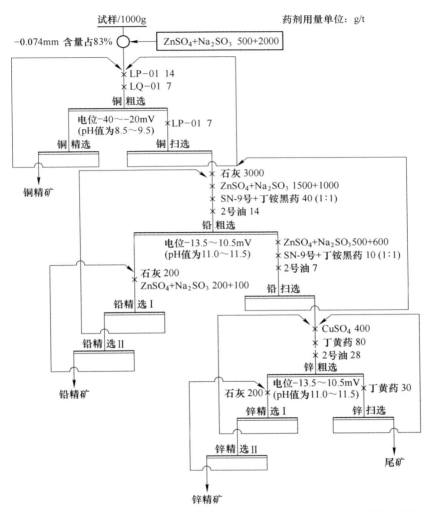

图 7-9 新疆鄯善铜铅锌多金属硫化矿电位调控优先浮选工艺小型闭路试验流程

7.3 本章小结

采用新型高选择性的 LP-01 作硫化铜矿物捕收剂，石灰与组合药剂（Na_2SO_3+$ZnSO_4$）作铅、锌硫矿物的电位调整剂与抑制剂，在矿浆电位 E_h 为 $-40 \sim -10mV$、矿浆 pH 值为 $8.0 \sim 9.5$ 区间优先浮选硫化铜矿物；在选铅循环中强行抑锌，即在矿浆电位 E_h 为 $-8.3 \sim 11.5mV$、矿浆 pH 值为 $11.3 \sim 11.8$ 的条件下，通过 Na_2SO_3 与 $ZnSO_4$ 组合抑制剂强化抑制闪锌矿与黄铁矿等硫化矿，采用在此条件下对铅矿物有良好捕收能力的 SN-9 号或组合药剂 SN-9 号+丁铵黑药浮铅；浮铅后尾矿浆在矿浆电位 E_h 为 $-8.3 \sim 11.5mV$、矿浆 pH 值为 $11.3 \sim 11.8$ 的条件下，采用硫酸铜作活化剂，丁黄药作捕收剂浮选硫化锌矿物可实现铜铅锌多金属硫化矿电位调控优先浮选分离。

第8章 铜铅锌硫化矿电位调控优先浮选工艺的应用

8.1 铜铅锌硫化矿电位调控优先浮选工艺在四川会理锌矿的应用

2007 年 6 月 16 日~2007 年 7 月 18 日，项目组针对四川会理锌矿的高铜铅锌矿石，开展了"铜铅锌多金属硫化矿电位调控优先浮选工艺研究"的现场小型验证试验，为比较，还进行了"铜铅混浮—铜铅分离—再浮锌"工艺的验证试验，试验结果见表 8-1。由表 8-1 可见，现场小型验证试验再次证实了"铜铅锌多金属硫化矿电位调控优先浮选"工艺方案要比传统的"铜铅混浮—铜铅分离—再浮锌"方案指标优越，同时由于将选矿废水全循环使用，整体技术更趋先进合理。

表 8-1 四川会理两种选矿工艺的实验室验证试验结果 （%）

产品	产率	品 位			回收率		
		Cu	Pb	Zn	Cu	Pb	Zn
铜铅锌多金属硫化矿电位调控优先浮选新工艺							
铜精矿	1.54	25.29	8.53	3.69	61.86	8.94	0.53
铅精矿	1.54	0.69	61.42	5.36	1.68	64.35	0.77
锌精矿	17.11	0.47	1.53	56.52	12.68	17.86	90.13
尾 矿	79.81	0.19	0.16	1.15	23.78	8.85	8.57
原 矿	100.00	0.63	1.47	10.73	100.00	100.00	100.00

产品	产率	品　位			回收率		
		Cu	Pb	Zn	Cu	Pb	Zn
铜铅混浮—铜铅分离—再浮锌工艺							
铜精矿	1.90	20.79	8.74	4.08	60.75	11.37	0.72
铅精矿	1.55	0.99	55.07	6.46	2.36	58.37	0.93
锌精矿	17.38	0.46	1.74	54.89	12.23	20.68	88.73
尾　矿	79.18	0.20	0.18	1.31	24.66	9.58	9.62
原　矿	100.00	0.65	1.46	10.75	100.00	100.00	100.00

为将"铜铅锌多金属硫化矿电位调控优先浮选工艺"这一创新成果转化为现实生产力，项目研究各方决定对原研究计划进行调整，提前对四川会理锌矿有限责任公司选矿厂生产流程进行改造。2007 年 8 月 30 日，四川会理锌矿有限责任公司选矿厂磨浮车间 2号系列改造任务完成，并进行了清水试车。

2007 年 9 月 1 日～2007 年 9 月 11 日，项目组在四川会理锌矿有限责任公司选矿厂进行"难选铜铅锌多金属硫化矿电位调控优先浮选工艺"的工业试验，工业试验共运行 11 天 26 个班次，运行197.50 台时，处理矿量 3936t，在原矿含 Cu 0.91%、Pb 1.40%、Zn 12.03%的条件下，获得含 Cu 25.49%、Pb 7.60%、Zn 3.82%的铜精矿，相应铜回收率达到 65.20%（见表 8-2），同时铅锌的生产指标还要优于原生产指标，工业试验取得圆满成功。

表 8-2　铜铅锌多金属硫化矿电位调控优先浮选工艺在
会理锌矿的工业试验统计指标　　　（%）

产品	产率	品　位			回　收　率		
		Cu	Pb	Zn	Cu	Pb	Zn
铜精矿	2.33	25.49	7.60	3.82	65.20	12.57	0.74
铅精矿	1.42	0.70	63.63	3.47	1.10	64.54	0.41

产品	产率	品 位			回 收 率		
		Cu	Pb	Zn	Cu	Pb	Zn
锌 精 矿	19.46	0.23	1.28	55.76	4.92	17.79	90.20
尾 矿	76.80	0.34	0.10	1.36	28.78	5.10	8.65
原 矿	100.00	0.91	1.40	12.03	100.00	100.00	100.00

8.1.1 入选矿石性质

本次工业试验的矿样是自 2006 年 6 月以来开采下来的高铜铅锌矿石样，由于堆存时间长、性质复杂、含泥多，且氧化率与品位波动都很大。

工业试验样中的金属矿物主要有：黄铜矿、闪锌矿、方铅矿、黄铁矿、毒砂、异极矿、菱锌矿、白铅矿、银黝铜矿-银砷黝铜矿、车轮矿、孔雀石、铜蓝等，金银矿物主要以金银矿-自然银、深红银矿、硫锑铜银矿、银黝铜矿-银砷黝铜矿为主。试样中的脉石矿物主要有方解石、白云石、石英、绢云母、绿泥石等。

8.1.2 铜铅锌多金属硫化矿电位调控优先浮选工艺工业试验研究

为将"铜铅锌多金属硫化矿电位调控优先浮选工艺"这一创新成果转化为现实生产力，项目研究各方决定对原研究计划进行调整，提前对四川会理锌矿有限责任公司选矿厂生产流程进行改造。根据四川会理锌矿有限责任公司选矿厂的实际情况，改造任务仅在选矿厂磨浮车间 2 号系列进行，为了节省流程改造时间，磨浮车间 2 号系列铅锌选矿循环未作变动，只是将原生产流程中闲置的原用于分选氧化铅锌矿的浮选槽，并对管路进行改造，并增加矿浆电位监控装备。

2007 年 8 月 30 日，四川会理锌矿有限责任公司针对选矿厂磨浮车间2号系列的改造任务基本完成，并进行了清水试车。

2007年9月1日，江西理工大学课题组开始在四川会理锌矿有限责任公司选矿厂进行"复杂铜铅锌多金属硫化矿电位调控优先浮选工艺"的工业试验，工业试验流程如图8-1所示。工业试验从9月1日中班开始，因浮选槽闲置过久，开车不及2h，铜扫二的浮选槽出现一定程度的破损，重新开车后不久各浮选循环就步入正常，快样结果显示工业试验得到的选矿指标与实验室小试与验证试验结果接近。

工业试验期间，生产的铜精矿储存在选矿厂原事故池，由于事

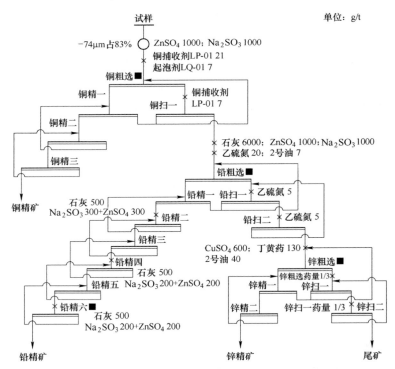

图 8-1 铜铅锌多金属硫化矿电位调控优先浮选工业试验流程

(■矿浆电位控制点)

故池容积有限，在工业试验第 2 天，四川会理锌矿有限责任公司即召开紧急会议，加紧修建铜精矿脱水车间以及铜精矿储存设施，尽管这样，生产的铜精矿很快就将原事故池储满，工业试验在运行 11 天 26 个班次后停止。

工业试验共运行 197.50 台时，处理矿量 3936t，在原矿含 Cu 0.91%、Pb 1.40%、Zn 12.03%的条件下，获得含 Cu 25.49%、Pb 7.60%、Zn 3.82%的铜精矿，相应铜回收率达到 65.20%，同时铅锌的生产指标还要优于原生产指标（见图 8-2 和表 8-2），工业试验取得圆满成功（主要设备见表 8-3）。

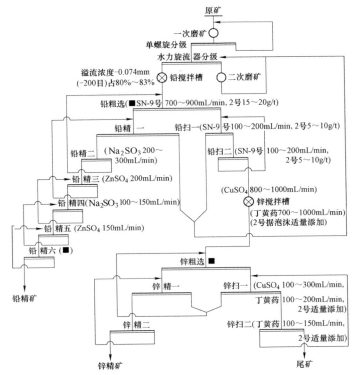

图 8-2 四川会理锌矿铅锌电位调控优先浮选工艺流程

（■矿浆电位控制点）

表8-3 铜铅锌多金属硫化矿电位调控优先浮选工艺工业试验主要设备

序号	设备名称	规　格	数量/台	
			1号系列	2号系列
1	大球磨机	MQG2100×3000 格子型	1	1
2	螺旋分级机	FG-20 单螺旋	1	1
3	小球磨机	MQG2100×2200 格子型	1	1
4	水力旋流器	φ500 型	2	2
5	铜搅拌桶	BCF2000×2000		1
6	矿浆电位测定仪	自制		1
7	铜粗选浮选机	CHF-3.5 充气机械搅拌型		3
8	铜扫一浮选机	CHF-3.5 充气机械搅拌型		4
9	铜精一浮选机	XJ-11 机械搅拌型		4
10	铜精二浮选机	XJ-11 机械搅拌型		2
11	铜精三浮选机	XJ-11 机械搅拌型		2
12	铅搅拌桶	BCF2000×2000	1	1
13	矿浆电位测定仪	自制	1	1
14	铅粗选浮选机	CHF-3.5 充气机械搅拌型	3	3
15	铅扫一浮选机	CHF-3.5 充气机械搅拌型	3	3
16	铅扫二浮选机	CHF-3.5 充气机械搅拌型	3	2
17	铅精一浮选机	XJ-11 机械搅拌型	4	4
18	铅精二浮选机	XJ-11 机械搅拌型	2	2
19	铅精三浮选机	XJ-11 机械搅拌型	1	1
20	铅精四浮选机	XJ-11 机械搅拌型	1	1
21	铅精五浮选机	XJ-11 机械搅拌型	1	1
22	铅精六浮选机	XJ-11 机械搅拌型	1	1
23	锌搅拌桶	BCF2000×2000	1	1
24	矿浆电位测定仪	自制	1	1
25	锌粗选浮选机	CHF-3.5 充气机械搅拌型	4	4
26	锌扫一浮选机	CHF-3.5 充气机械搅拌型	3	3
27	锌扫二浮选机	CHF-3.5 充气机械搅拌型	2	2
28	锌精一浮选机	CHF-3.5 充气机械搅拌型	2	2
29	锌精二浮选机	CHF-3.5 充气机械搅拌型	2	2

　　工业试验期间药剂添加量及加药点列于表 8-4 中，处理每吨原矿的药剂耗量列于表 8-5 中，为作比较，按铅锌生产工艺组织生产所得生产指标最好的 2006 年处理每吨原矿的平均药剂耗量也列于表 8-5 中。

表 8-4　工业试验阶段加药点及药剂量

药剂	加药点	药　剂　量	
		流　量	对应药量/$g \cdot t^{-1}$
LP-01	铜粗选	25～30mL/min	28
	铜扫一	5～6mL/min	5
	铜扫二	5～6mL/min	5
LQ-01	铜粗选	5～6mL/min	5
石灰	铅搅拌槽	控制 pH 值为 11～12，$E_h = -300 \sim -270$mV	5000
	铅精二		200
	铅精四		300
	铅精六		500
SN-9 号	铅粗选	100～200mL/min	20
	铅扫一	25～50mL/min	5
	铅扫二	25～50mL/min	5
$ZnSO_4$	铜搅拌槽	500mL/min	500
	铅搅拌槽	800mL/min	800
	铅精二	200mL/min	200
	铅精四	50mL/min	50
	铅精六	50mL/min	50
Na_2SO_3	铜搅拌槽	500mL/min	500
	铅搅拌槽	800mL/min	800
	铅精二	200mL/min	200
	铅精四	50mL/min	50
	铅精六	50mL/min	50

续表8-4

药 剂	加药点	药 剂 量	
		流 量	对应药量/g·t^{-1}
CuSO$_4$	锌粗选	800~1200mL/min	600
	锌扫一	100~130mL/min	200
	锌扫二	30~40mL/min	70
丁黄药	锌粗选	700~1100mL/min	130
	锌扫一	100~200mL/min	40
	锌扫二	50~150mL/min	10
2号油	铅粗选	6~7mL/min	7
	锌粗选	18~20mL/min	30
	锌扫一	8mL/min	10
	锌扫二	3mL/min	3

表8-5 工业试验期间处理每吨原矿的平均药剂耗量 （g/t）

药 剂	2号系列工业试验药剂消耗	1号系列药剂消耗
LP-01	38	—
LQ-01	5	—
石 灰	6000	6540
SN-9号	30	90
Na$_2$SO$_3$	1600	1950
ZnSO$_4$	1600	1400
Na$_2$S	—	68
CuSO$_4$	870	893
丁黄药	180	195
2号油	40	120
处理每吨原矿的药剂成本/元	38.03	40.64

注：上述数据均取自会理锌矿统计报表。由供应部提供的药剂的价格如下：LP-01 26000元/吨；LQ-01 24000元/吨；SN-9号 16600元/吨；Na$_2$SO$_3$ 6500元/吨；ZnSO$_4$ 5600元/吨；Na$_2$S 1470元/吨；CuSO$_4$ 14630元/吨；丁黄药 9870元/吨；Na$_2$CO$_3$ 3260元/吨；石灰 360元/吨；2号油 9600元/吨。

8.1.3 铜铅锌多金属硫化矿电位调控优先浮选工艺技术要点

（1）新工艺的技术特点在于：采用高选择性的 LP-01 作铜矿物捕收剂，$Na_2SO_3+ZnSO_4$ 作铅锌硫矿物的电位调整剂与抑制剂，在矿浆电位 E_h 为 $-30\sim-20mV$、矿浆 pH 值为 $7.50\sim7.90$ 区间优先浮选硫化铜矿物；在选铅循环中强行抑锌，即在矿浆电位 E_h 为 $-300\sim-270mV$、矿浆 pH 值为 $11\sim12$ 的条件下，通过 YN 与 $ZnSO_4$ 组合抑制剂强化抑制闪锌矿与黄铁矿等硫化矿，采用在此条件下对铅矿物有良好捕收能力的 SN-9 号药剂浮铅；浮铅后尾矿浆在矿浆电位 E_h 为 $-310\sim-290mV$、矿浆 pH 值为 $11\sim12$ 的条件下，采用硫酸铜作活化剂，丁黄药作捕收剂浮选硫化锌矿物。

（2）选铅循环要把握的操作要点在于：保证铅粗选矿浆电位 E_h 为 $-310\sim-290mV$，矿浆 pH 值为 $11\sim12$（不是泡沫 pH 值），不得低于 11，铅最后一次精选不得断石灰，同样要保证矿浆 pH 值不得低于 12。操作时要注意铅粗选要"勤刮泡、浅刮泡"，如有锌矿物上浮，一要注意矿浆电位 E_h 与矿浆 pH 值是否到位，二要注意捕收剂 SN-9 号用量是否太大（太大可适当减小其用量）。

（3）选锌循环要把握的操作要点在于：一般来说，选锌矿浆电位 E_h 为 $-310\sim-290mV$，矿浆 pH 值不宜超过 12.5，如选锌矿浆 pH 值较高，可通过增大 $CuSO_4$ 与黄药用量来解决。

8.1.4 铜铅锌多金属硫化矿电位调控优先浮选工艺工业试验结果分析

（1）新工艺在矿浆电位 E_h 为 $-30\sim-20mV$、矿浆 pH 值为 $7.50\sim7.90$ 区间优先浮选硫化铜矿物，在矿浆电位 E_h 为 $-300\sim-270mV$、矿浆 pH 值为 $11\sim12$ 的条件进行抑锌浮铅，不仅能得到高质量的铜、铅、锌合格精矿，而且铅、锌精矿中主金属的回收率都有一定程度的提高。

（2）工业试验期间先后处理了高品位铜铅锌矿石与低品位铜铅锌矿石两类矿石，新技术均能获得高质量合格的铜、铅、锌精矿，且指标波动较小，说明新技术具有较强的适应性。

（3）采用电位调控优先浮选技术，铅、锌循环的选矿药剂用量尤其是捕收剂的用量急剧下降，选矿药剂成本得到节约。

（4）工业试验期间，个别班次出现产品质量异常的原因，一方面是因为储矿设施容积过小、设备检修等频繁停车而引起，另一方面则是因处于调整期间，部分药剂未达到最优化用量水平所致。

（5）工业试验期间，铜尾品位稍微偏高，这是与铜循环只有一次粗选与一次扫选有关，而在浮选槽的配置上也是粗选时间不及扫选时间等因素有关。

（6）工业试验期间，铜精矿铜品位要高于小型试验与验证试验的铜精矿铜品位，这主要是因为工业试验期间铜的精选次数为3次，而且在工业试验场合，铜的精选过程更为连续所致。

8.1.5　铜铅锌多金属硫化矿电位调控优先浮选工艺经济效益分析

以2007年铜铅锌金属的平均价及新工艺在四川会理锌矿有限责任公司选矿厂工业试验得到的指标进行计算，铜铅锌多金属硫化矿电位调控优先浮选工艺每年可为公司带来经济效益约为8512.4058万元，经济效益显著。

8.2　铜铅锌硫化矿电位调控优先浮选工艺在新疆鄯善铜铅锌多金属矿的应用

新疆鄯善县众和矿业有限责任公司多金属矿选矿厂原采用部分混合浮选流程，如图8-3所示。

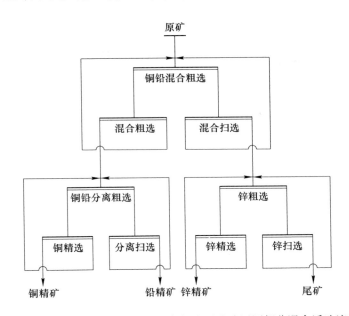

图 8-3　新疆鄯善县众和矿业有限责任公司选矿厂原部分混合浮选流程

选矿设计工艺流程为，破碎后的矿石经两段连续闭路磨矿旋流器分级后，矿石细度为-74μm 占 80%，进行铜铅混合浮选，混浮经一次粗选、三次精选后得到混合精矿，混浮精矿经过脱药后进行铜铅分离。铜铅分离经一次粗选、两次精选、两次扫选流程后获得铜精矿产品和铅精矿产品，混浮尾矿进入选锌作业。选锌作业经一次粗选、三次精选、两次扫选流程，最终获得锌精矿产品。

该铜铅锌矿石矿物间嵌布关系复杂且粒度细，分选难度较大，使用的药剂种类较多。原工艺流程采用的药剂如下：

（1）铜铅混合浮选采用组合抑制剂：硫酸锌、西北矿冶研究院的特效药 T80 对闪锌矿进行抑制，用西北矿冶研究院的特效药 A 12 和丁基铵黑药混合使用捕收铜铅，起泡剂用松醇油。

（2）在铜铅分离作业前加入活性炭对混浮精矿进行脱药，采用西北矿冶研究院的特效药 T81 对铅进行抑制，泡沫产品为铜精矿，底流产品为铅精矿。

（3）选锌作业用硫酸铜活化闪锌矿，石灰作黄铁矿抑制剂和矿浆 pH 调整剂，用丁基黄药作捕收剂，松醇油作起泡剂，产出锌精矿。

新疆鄯善县众和矿业有限责任公司多金属矿选矿厂原生产流程"部分混合浮选"流程适用于原"铅高铜低"、铅铜原矿品位差距较大的矿石。但由于原矿铅品位由原来的大于 1.5% 下降到现在的 0.5% 左右，且每班在 0.3%~0.7% 频繁波动，铜的品位在 0.6% 左右，较为稳定，铜铅比小于 1∶1，这样就造成现场流程抑铅浮铜分离非常困难，也不符合抑多浮少的选矿规律。生产出的铅精矿品位在 20% 左右，含金 20g/t 左右，由于铅精矿品位不合格，导致铅精矿无法销售，选矿厂经济效益受到很大影响。如果强行抑制铅，使铜精矿含铅能够符合销售要求，但铜也受到部分抑制，铅含铜过高，造成铜回收率损失严重。

针对原工艺存在的不足，新疆鄯善县众和矿业有限责任公司选厂积极探寻提高工艺指标的有效途径。根据矿石性质的特点，在项目组提供的小型试验报告的基础上，采用"铜铅锌多金属硫化矿电位调控优先浮选"新工艺，对原工艺进行技术改造，新工艺流程如图 8-4 所示。

技术改造后采用的药剂如下：

（1）选铜作业采用组合抑制剂：硫酸锌+亚硫酸钠组合药剂对方铅矿、闪锌矿进行抑制，江西理工大学研制的特效捕收剂 LP-01 捕收铜；起泡剂用松醇油。LP-01 对矿石适宜性强，药剂清洁高效，有利于矿山环境的保护。

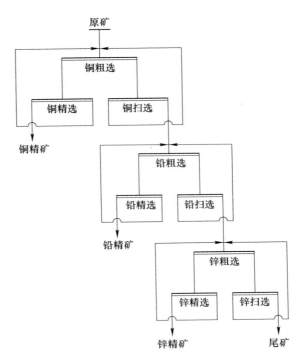

图 8-4 新疆鄯善县众和矿业有限责任公司选矿厂
多金属电位调控优先浮选流程

（2）选铅作业用乙硫氮+苯胺黑药和硫酸锌+亚硫酸钠组合药剂作铅矿物的捕收剂和锌硫矿物的强化抑制剂，得到合格铅精矿。

（3）锌作业用硫酸铜活化闪锌矿，石灰作黄铁矿抑制剂和矿浆 pH 调整剂，用丁基黄药作捕收剂，松醇油作起泡剂，产出锌精矿。

新工艺流程与旧工艺流程相比具有以下优点：

（1）获得的铜、铅、锌精矿质量相对较好，铅精矿品位合格，适合市场需要，销售前景好。

（2）药剂简单，工艺流程简化，操作容易，生产管理简便。

（3）对矿石性质变化适宜性强，适应各种品位的矿石。

技术改造完成后，于2009年8月开始新工艺工业生产调试。对新工艺应用到生产中的不适宜环节进一步调优和改造。主要调试措施及效果如下：

（1）针对铜精矿中含锌较高的情况（锌品位在5%左右），决定将选铜硫酸锌加药点前移，加到球磨机地坑泵中，用量未变，增加硫酸锌作用时间，铜精矿中含锌大幅下降，降到1.2%左右。

（2）针对铅精矿品位较低（铅品位在20%左右），决定选铅粗选时pH值控制在8~9，精选处根据硫上浮情况，添加适量干石灰，铅精矿品位大幅上升，提高到50%以上，达到了销售要求品位。

（3）针对铅精矿中含锌较高（锌品位在10%左右），增加铅精选段硫酸锌的用量，由原来的100g/t增加到500g/t，且把加药点由精Ⅰ处改到精Ⅲ处，铅精矿含锌大幅下降，降到6%左右。

（4）针对选铜捕收剂只采用LP-01时，铜、金跑尾较高（铜尾矿含铜0.15%左右、含金1.3g/t左右），决定在选铜搅拌桶处添加特效捕收剂TJ-1与LP-01混合使用，TJ-1用量为7g/t，LP-01用量为20g/t。铜尾矿中铜、金含量大幅下降，铜尾矿含铜降低到0.08%左右，铜尾矿含金降低到0.8g/t左右，铜、金回收率大幅提高。

（5）添加TJ-1后，铜精矿含铅量有所增加，品位在13%左右，决定在铜精Ⅰ处添加西北矿冶研究院的特效药T81，用量为130g/t。铜精矿中含铅降低到6%左右，铅的回收率大幅提高。

新工艺较原工艺在稳定生产过程、提高生产技术经济指标方面具有明显的优势。两种工艺选别指标分别见表8-6和表8-7。

表 8-6　新疆鄯善县众和矿业有限责任公司选矿厂

部分混合浮选流程选别指标　　　　（%）

流程	产品名称	产率	品　位					回收率				
			Cu	Pb	Zn	Ag[①]	Au[①]	Cu	Pb	Zn	Ag	Au
混合浮选	原矿	100.0	0.58	0.50	1.66	13.39	5.08	100.0	100.0	100.0	100.0	100.00
	铜精矿	1.63	27.28	10.84	1.33	281.84	190.79	76.73	35.37	1.31	34.31	61.22
	铅精矿	0.93	5.77	23.08	4.76	422.00	30.14	9.24	42.86	2.66	29.31	5.51
	锌精矿	2.82	1.21	1.85	49.22	54.24	15.00	5.87	10.42	83.49	11.43	8.31
	尾矿	94.62	0.05	0.06	0.22	3.53	1.34	8.16	11.35	12.54	24.95	24.96

①金、银品位单位为 g/t，下同。

表 8-7　新疆鄯善县众和矿业有限责任公司选矿厂

电位调控优先浮选流程选别指标　　　　（%）

流程	产品名称	产率	品　位					回收率				
			Cu	Pb	Zn	Ag[①]	Au[①]	Cu	Pb	Zn	Ag	Au
优先浮选	原矿	100.0	0.58	0.57	2.04	15.02	3.33	100.0	100.0	100.0	100.0	100.0
	铜精矿	1.85	26.16	6.29	1.28	262.87	126.70	83.39	20.40	1.16	32.38	70.39
	铅精矿	0.65	3.76	52.91	6.82	807.38	24.77	4.21	60.32	2.17	34.94	4.83
	锌精矿	3.36	0.46	0.75	51.48	33.45	1.58	2.66	4.41	84.67	7.48	1.59
	尾矿	94.15	0.06	0.09	0.26	4.02	0.82	9.74	14.87	12.00	25.20	23.18

①金、银品位单位为 g/t。

由表 8-6 和表 8-7 对比可见，本次技改得到了合格的铜、铅、锌精矿。铜精矿品位略有降低，由 27.28% 降低到 26.16%，但回收率比混合浮选提高了 6.66 个百分点；铅精矿由原来 23.08% 的废品提高到 52.91% 的合格精矿，并且铅回收率比混合浮选提高了 17.46 个百分点；尤其是金在铜精矿的回收率提高了 9.17 个百分点，金在铜和铅精矿中的总回收率比原来提高了 8.49 个百分点；金在锌精矿中不计价，此次技改后金在锌精矿中的回收率由原来的

8.31%下降到 1.59%，下降了 6.72 个百分点，大大降低了金在锌精矿中的损失，从而提高了公司的经济效益。

通过该方案的实施，每天可增加产值 2.70 万元，每天增加的利润为 2.30 万元，每年按生产 250 天计算，每年可增加利润 2.3 万元×250 天＝575 万元，其经济效益十分显著。

8.3 铜铅锌硫化矿电位调控优先浮选工艺在四川里伍铜业有限公司的应用

四川里伍铜业股份有限公司是在原四川省里伍铜矿改制而成立的采选电联合企业，位于四川省甘孜州九龙县。公司下属的笋叶林选矿厂原是九龙县县属企业龙财公司主体选矿厂（原设计能力为 100t/d），2006 年 1 月 1 日随龙财公司一起并入到四川里伍铜业股份有限公司，为进一步提高笋叶林选矿厂的技术经济指标，同时综合回收矿石中的锌，四川里伍铜业股份有限公司于 2006 年 5~6 月对笋叶林选矿厂进行了全面技术改造，新增一套 100t/d 的铜选矿磨浮系统与一处理能力为 350t/d（矿石入选锌品位 1.76%）的锌选矿系统，最终形成 200t/d 的铜选矿能力（矿石入选铜品位 1.45%）与 350t/d（矿石入选锌品位 1.76%）的锌选矿能力。笋叶林选矿厂技术改造完成后，即进行铜锌的选矿生产，但由于入选原矿主要金属矿物为黄铜矿、铁闪锌矿、磁黄铁矿、黄铁矿等，而铁闪锌矿与磁黄铁矿可浮性极为相似，难以浮选分离，同时锌含量仅 1.00%左右，远低于原设计指标，导致选矿厂一直得不到含锌大于 30%的锌精矿。

为充分利用矿石中的锌资源，提高选矿厂的经济效益，四川里伍铜业股份有限公司于 2006 年 9 月 18 日委托江西理工大学对笋叶林选矿厂入选矿石进行可选性试验研究，以确定综合回收铜锌的选矿方案以及具体的工艺条件，为笋叶林选矿厂生产流程改造提供依据。接受委托后，江西理工大学项目组于 2006 年 11 月开始进行小型试验，并于 2007 年 1 月结束。针对笋叶林选矿厂入选矿石中的铜矿物主要是黄铜矿，而锌矿物主要是铁闪锌矿，硫矿物主要是磁黄铁矿的矿石特性，小型实验主要考察了铜矿物捕收剂、锌硫矿物的抑制剂以及铁闪锌矿与磁黄铁矿分离的有效途径，通过多方案比较研究，确定了采用捕收剂 LP-01 作铜矿物捕收剂，组合药剂（$CaCl_2$+DS）作锌硫矿物抑制剂，通过电位调控技术，在中性矿浆 pH 值条件下进行铜锌分离，选铜尾矿在高碱（低电位）条件下进行锌硫分离的优先浮选方案，获得了较满意的试验结果。

在此基础上，四川里伍铜业股份有限公司与江西理工大学于 2007 年 5 月签订了"笋叶林选矿厂铜锌分离新工艺工业试验研究"专项合同，目的就是为了提高笋叶林选矿厂铜精矿与锌精矿的产品质量，提高铜、锌的回收率，以进一步提高选矿厂的经济效益。合同规定在原矿含 Cu 1.40%、Zn 1.00% 前提下，采用新工艺，获得的铜精矿铜品位大于 20%、铜回收率高于 90%，锌精矿锌品位大于 30%、锌回收率高于 40%。

江西理工大学项目组从 2007 年 5 月 4 日到 2007 年 5 月 17 日在笋叶林选矿厂进行"铜锌电位调控优先浮选分离"的工业试验，在此期间，由于选厂现有设备以及流程的限制，磨矿细度远远达不到新工艺要求的 -0.074mm（-200 目）占 80% 左右的要求，铜锌未能达到单体解离；同时选铜的浮选时间也远远低于新工艺所要求的时间值，因此对铜、锌的回收率有一定的影响，尽管如此，新工艺与原工艺相比较，见表 8-8，铜精矿品位从 18% 左右上升到 23% 以上，铜精矿中的锌含量从 2.0% 以上降到 1.1% 左右；锌精矿锌含量达到 30% 以上，锌回收率高于 40%。

表 8-8　四川里伍铜业有限公司笋叶林铜锌矿矿石新工艺工业

试验和原工艺生产指标对比结果　　　　　（％）

工　艺	产　物	品　位		回收率	
		铜	锌	铜	锌
新工艺工业试验 （2007年5月4日～ 2007年5月11日）	铜精矿	25.31	1.12	91.08	5.84
	锌精矿	2.19	34.28	2.39	54.22
	尾　矿	0.10	0.42	6.53	39.94
	原　矿	1.42	0.98	100.00	100.00
原工艺工业试验 （2006年11月1日～ 2007年1月18日）	铜精矿	17.91	2.08	90.62	15.10
	锌精矿	3.09	27.76	2.93	37.77
	尾　矿	0.10	0.51	6.45	47.13
	原　矿	1.42	0.99	100.00	100.00

8.4　铜铅锌硫化矿电位调控优先浮选工艺在四川白玉某铜铅锌矿的应用

　　四川白玉县某铜铅锌多金属硫化矿矿石中含铜0.77%、含铅2.08%、含锌5.07%；主要金属矿物有黄铜矿、方铅矿、闪锌矿、黄铁矿、白铁矿、磁黄铁矿、硫锑铅矿、褐铁矿和铜蓝等，非金属矿有方解石、白云石、石英、绢云母和绿泥石。矿石中黄铜矿嵌布特征复杂，它与闪锌矿、方铅矿相互包裹，构造成复杂连生。有的与磁黄铁矿组成微脉交叉闪锌矿；黄铜矿有包裹自形黄铁矿，脉状黄铁矿，并交代黄铁矿呈港湾状或脉状穿插黄铁矿。黄铜矿在闪锌矿中呈不规则显微文象状分布，极少量呈乳滴状分布。少数黄铜矿呈星点状和填隙结构分布于方解石和白云石粒间；方铅矿与闪锌矿、黄铜矿及磁黄铁矿相互包裹，不规则状复杂连生，且呈不规则状穿切闪锌矿、磁黄铁矿，有的呈不规则状分布与脉石，方解石粒间；闪锌矿局部聚集成团块，包裹黄铜矿、方铅矿、磁黄铁矿、黄铁矿，有的充填与方解石和白云石粒间。矿物的单体解离度很差，全样黄铜矿的单体解离度只有49.78%，闪锌矿55.25%，方铅矿47.75%，它们在-0.045mm都未能达到完全解离，这对选矿不利，属于难选多金属矿石。

为合理开发利用该矿产资源，项目组对该多金属矿进行选矿工艺试验研究。在系统研究了该多金属矿矿石的工艺矿物学基础上，进行了选矿工艺试验研究。实验室小型试验主要研究了铜铅锌电位调控优先浮选工艺方案，铜浮选采用项目组自行开发的捕收剂LP-01，试验表明LP-01对铜有极好的捕收能力，在用量较小的条件下，就可以实现铜矿物的优先浮选分离；铅浮选采用对铅选择性较好的捕收剂乙硫氮；锌采用丁基黄药。由于全样的单体解离度很差，因此选用在粗选粗磨的条件下进行粗选，铜铅锌粗精矿再磨精选工艺，获得了满意的小型试验选矿指标，试验结果见表8-9。

表8-9　四川白玉县某铜铅锌矿电位调控优先浮选
小型闭路试验结果　　　　　　　（%）

产品名称	产率	品　位			回收率		
		Cu	Pb	Zn	Cu	Pb	Zn
铜精矿	2.53	20.88	6.12	2.73	68.61	7.44	1.36
铅精矿	1.90	1.12	67.87	7.21	2.76	62.00	2.70
锌精矿	6.80	1.43	5.35	52.91	12.63	17.49	70.96
尾矿	88.77	0.13	0.31	1.42	16.00	13.07	24.97
原矿	100.00	0.77	2.08	5.07	100.00	100.00	100.00

小型试验成功后，矿方一直按此工艺流程组织生产，取得了较好的生产指标和较好的经济效益。

参 考 文 献

［1］朱训. 中国矿情［M］. 北京：科学出版社，1999.

［2］胡为柏. 浮选［M］. 修订版. 北京：冶金工业出版社，1989.

［3］卢寿慈. 矿物浮选原理［M］. 北京：冶金工业出版社，1988.

［4］刘如金. 用苯硫胺酯分选铜铅锌硫化矿石的应用研究［J］. 国外金属矿选矿，1996（10）：24-26.

［5］王淀佐. 硫化矿浮选与矿浆电位［M］. 北京：高等教育出版社，2008.

［6］Yuehua Hu，Wei Sun，Dianzuo Wang. Electrochemistry of flotation of sulphide minerals［M］. Beijing：Tsinghua University Press，2009.

［7］覃文庆. 硫化矿物颗粒的电化学行为与电位调控浮选技术［M］. 北京：高等教育出版社，2001.

［8］Fuerstenau D W. Advances in Flotation Technology［M］. Canada：Society for Mining，Metallurgy and Exploration Inc. Press，1999.

［9］王淀佐，林强. 选矿与冶金药剂分子设计［M］. 长沙：中南工业大学出版社，1996.

［10］Woods R. Recent advanced in electrochemistry of sulfide mineral flotation［J］. Trans. Nonferrous Met. Soc.，2000，10：26-29.

［11］孙水裕. 硫化矿浮选的电化学调控及无捕收剂浮选［D］. 长沙：中南工业大学，1990.

［12］孙伟. 高碱石灰介质中电位调控浮选技术原理与应用［D］. 长沙：中南大学，2001.

［13］Sutherland K L，Wark I W. Principles of Flotation［M］. Melbourne：Austraalaian Institute of Mining and Metallurgy，1955.

［14］王淀佐，覃文庆，姚国成. 硫化矿与含金矿石的浮选分离和生物提取：基础研究与技术应用［M］. 长沙：中南大学出版社，2012.

［15］张泾生，阙煊兰. 矿用药剂［M］. 北京：冶金工业出版社，2008.

［16］王淀佐. 浮选药剂的结构与性能（Ⅰ）［J］. 中南矿冶学院学报，1980
（4）：7-15.

［17］王淀佐. 浮选药剂的结构与性能（Ⅱ）［J］. 中南矿冶学院学报，1981
（1）：48-56.

［18］王淀佐. 含硫非离子型极性捕收剂的结构与性能：兼论新型高效捕收剂
研制途径［J］. 中南矿冶学院学报，1983（4）：9-17.

［19］张明伟，何发钰. 能带理论及其在选矿中的研究现状［J］. 矿冶，2011，
21（2）：6-9.

［20］黄真瑞，钟宏，王帅，等. 黄铜矿浮选工艺及捕收剂研究进展［J］. 应
用化工，2013，42（11）：2048-2055.

［21］王淀佐. 浮选工艺及浮选剂的发展和新概念［J］. 湖南冶金，1983（5）：
60-64.

［22］Gaudin A M. Flotation［M］. New York：McGraw-Hill Book Co.，1932.

［23］Gaudin A M. Flotation［M］. 2th ed. New York：McGraw-Hill Book
Co.，1957.

［24］Lotter N O, Bradshaw D J. The formulation and use of mixed collectors in sul-
phide flotation［J］. Minerals Engineering, 2010, 23（3）：945-951.

［25］Taggart A F. Handbook of Mineral Dressing［M］. New York：John Wiley &
Sons Co.，1945.

［26］Goryachev B E, Nikolaev A A. Galena and alkali metal xanthate interaction in
alkaline conditions［J］. Journal of Mining Science, 2012, 48（6）：
1058-1064.

［27］王淀佐. 浮选理论的新进展［M］. 北京：科学出版社，1992.

［28］王淀佐. 浮选捕收剂发展的三个阶段及其特征规则［J］. 中南矿冶学院
学报，1983（Suppl.）：31-44.

［29］胡庚熙. 有色金属硫化矿选矿［M］. 北京：冶金工业出版社，1987.

［30］Nduna M K, Lewis A E, Nortier P. A model for the zeta potential of copper
sulphide［J］. Colloids and Surfaces A：Physicochemical and Engineering

Aspects, 2014, 441 (20): 643-652.

[31] Nedjar Z, Barkat D. Characterization of galena surfaces and potassium isoamyl xanthate (KIAX) synthesized adsorption [J]. Journal of the Iranian Chemical Society, 2012, 9 (5): 709-714.

[32] 陈建华. 电化学调控浮选能带理论及其在有机抑制剂研究中的应用 [D]. 长沙: 中南工业大学, 1999.

[33] Liu G Y, Zhong H, Xia L Y. Effect of N-substituents on performance of thiourea collectors by density functional theory calculations [J]. Trans. Nonferrous Met. Soc. China, 2010, 20 (5): 695-701.

[34] 孙伟, 胡岳华, 邱冠周, 等. 高碱环境中黄铁矿表面反应的腐蚀电化学研究 [J]. 矿冶工程, 2002 (4): 51-54.

[35] Salamy S G, Nixon J C. Recent developments in mineral dressing [M]. London: Institution of Mining and Metallurgy, 1953.

[36] Matveeva T N, Chanturia V A, Gromova N K, et al. Electrochemical polarization effect on surface composition, electrochemical characteristics and adsorption properties of pyrite, arsenopyrite and chalcopyrite during flotation [J]. Journal of Mining Science, 2013, 49 (4): 637-646.

[37] 胡庆春. 方铅矿-毒砂浮选分离的电化学 [D]. 长沙: 中南工业大学, 1988.

[38] 王会祥. 电极过程热效应和润湿性的研究与黄金的电化学调控浮选 [D]. 长沙: 中南工业大学, 1994.

[39] Poorqasemi E, Abootalebi O, Peikari M, et al. Investigating accuracy of the Tafel extrapolation method in HCl solutions [J]. Corrosion Science, 2009, 51 (4): 1043-1054.

[40] Wood R. 硫化矿浮选的电化学 [J]. 国外金属矿选矿, 1993 (4): 1-28.

[41] Woods R. 电化学电位控制浮选 [J]. 国外金属矿选矿, 2004 (3): 4-10.

[42] Gu G H, Liu R Y. Original potential flotation technology for sulfide minerals

[J]. Trans. Nonferrous. Met. Soc. China, 2000, 6: 76-79.

[43] 顾帼华, 王淀佐, 刘如意, 等. 硫化矿电位调控浮选及原生电位浮选技术 [J]. 有色金属, 2000 (2): 18-21.

[44] 顾帼华, 胡岳华, 徐竞, 等. 方铅矿原生电位浮选及应用 [J]. 矿冶工程, 2002 (4): 30-32.

[45] 李文娟, 宋永胜, 王琴琴, 等. 含磁黄铁矿硫化铜矿石的电位调控浮选研究 [J]. 稀有金属, 2013, 37 (4): 611-620.

[46] 顾帼华, 钟素姣. 方铅矿磨矿体系表面电化学性质及其对浮选的影响 [J]. 中南大学学报, 2008, 39 (1): 54-58.

[47] Bogorodskii E V, Rybkin S G, Barankevich V G. Kinetics of the interaction of iron, copper, and nickel sulfides with a sodium nitrate-sodium carbonate mixture [J]. Russian Journal of Inorganic Chemistry, 2011, 56 (6): 831-834.

[48] Woods R, Young C A, Yoon R H. Ethyl xanthate chemisorption isotherms and Eh-pH diagrams for the copper/water/xanthate and chalcocite/water/xanthate systems [J]. Inter. J. Miner. Process. , 1990 (4): 215-213.

[49] Goryachev B E, Nikolaev A A, Lyakisheva L N. Electrochemical kinetics of galena- sulphydryl collector interaction as the basis to develop ion models of sorption-layer formation on the surface of sulphide minerals [J]. Journal of Mining Science, 2011, 47 (3): 382-389.

[50] Trahar W J. Principles of Flotation [M]. Austria: Austrian Institute of Mining and Metallurgy, 1984.

[51] Hodgson M, Agar G E. Electrochemistry in Mineral and Metal Processing [C]. Netherland: The Electrochemical Society, Inc. N J. , 1984.

[52] Heycs G W, Trahar W J. Electrochemistry in Mineral and Metal Processing [C]. Netherland: The Electrochemical Society, Inc. N J. , 1984.

[53] Anna H Kaksonen, Silja Särkijärvi, Jaakko A Puhakka, et al. Chemical and bacterial leaching of metals from a smelter slag in acid solutions [J]. Hydro-

metallurgy, 2016, 159（2）：46-53.

［54］Gardner J R, Woods R. An electrochemical investigation of contact angle and floatation in the presence of alkyxanthates ［J］. Aust. J. Chem. , 1971, 30：981-991.

［55］Subrata Roy, Amlan Datta, Sandeep Rehani. Flotation of copper sulphide from copper smelter slag using multiple collectors and their mixtures ［J］. International Journal of Mineral Processing, 2015, 143（10）：43-49.

［56］Srdjan M. Bulatovic, 魏明安. 浮选药剂手册 ［M］. 北京：化学工业出版社, 2014.

［57］张芹, 胡岳华. 脆硫锑铅矿与乙基黄药相互作用电化学浮选红外光谱研究 ［J］. 有色金属（选矿部分）, 2006（4）：4-6.

［58］张芹, 胡岳华, 顾帼华, 等. 磁黄铁矿与乙黄药相互作用电化学浮选红外光谱的研究 ［J］. 矿冶工程, 2004（5）：42-44.

［59］张芹, 胡岳华, 顾帼华, 等. 铁闪锌矿的浮选行为及其表面吸附机理 ［J］. 中国有色金属学报, 2004（4）：676-680.

［60］余润兰, 邱冠周, 胡岳华, 等. 乙黄药在铁闪锌矿表面的吸附机 ［J］. 金属矿山, 2004（12）：29-31.

［61］Nagaraj D R, Brinen J S. SIMS study adsorption of collectors on pyrite ［J］. Int. J . Miner. Process. , 2001, 63：45-47.

［62］张芹. 铅锑锌铁硫化矿电化学化学行为及表面吸附的研究 ［D］. 长沙：中南大学, 2004.

［63］Fuerstenau D W, Herrera-Urbina R, Mcglashan D W. Studies on the applicability of chelating agents as universal collectors for copper minerals ［J］ . Int. J . Miner. Process. , 2000, 58：15-33.

［64］Ackerman P K, Harris G H. Use of xanthogen formates as collectors in the flotation of copper sulfides and pyrite ［J］ . Int. J . Miner. Process. , 2000, 58：1-13.

［65］Woods Ronald, Hope Gregory A. A SERS spectroelectrochemical investigation of the interaction of O-isopropyl-N-ethylthionocarbamate with copper surfaces [J]. Colloids Surf. , A. , 1999, 146: 63-74.

[66] Rashid K Nadirov, Leila I Syzdykova, Aisulu K Zhussupova, et al. Recovery of value metals from copper smelter slag by ammonium chloride treatment [J]. International Journal of Mineral Processing, 2013, 124 (14): 145-149.

[67] Pearson R G. Hard and soft acids and bases, HSAB, part I fundamental principles [J]. J. Chem. Educ. , 1968, 45 (9): 581-587.

[68] Pearson R G. Hard and soft acids and bases, HSAB, part II underlying theories [J]. J. Chem. Educ. , 1968, 45 (10): 643-648.

[69] 刘广义, 任恒, 詹金华, 等. 3, 3′-二乙基-1, 1′—缩二乙二醇二羰基双硫脲的合成、表征与性能 [J]. 中国有色金属学报, 2013, 23 (1): 290-296.

[70] 袁露, 钟宏, 刘广义, 等. N, N′-二乙基羰基-N″, N″-(1, 6-亚己基) 双硫脲的合成、结构表征及其与金属离子的作用 [J]. 中南大学学报 (自然科学版), 2011, 42 (12): 3645-3649.

[71] 刘广义, 钟宏, 戴塔根, 等. 中碱度条件下乙氧羰基硫脲浮选分离铜硫 [J]. 中国有色金属学报, 2009, 19 (2): 389-396.

[72] Zhuo Chen, Roe-Hoan Yoon. Electrochemistry of copper activation of sphalerite at pH 9. 2 [J]. Int. J. Miner. Process, 2000, 58: 57-66.

[73] Chandra A P, Gerson A R. A review of the fundamental studies of the copper activation mechanisms for selective flotation of the sulfide minerals, sphalerite and pyrite [J]. Advances in Colloid and Interface Science, 2009, 145: 97-110.

[74] Pattrick R A D, England K E R, Charnock J M. Copper activation of sphalerite and its reaction withxanthate in relation to flotation: an X-ray absorption spectroscopy-reflection extended X-ray absorption fine structure/investigation [J]. Int. J. Miner. Process. , 1999, 55: 247-265.

[75] Shen W Z, Fornasiero D, Ralston J. Flotation of sphalerite and pyrite in the presence of sodium sulfite [J]. Int. J. Miner. Process. , 2001, 63: 17-28.

[76] 周源, 刘亮, 曾娟. 低碱度下组合抑制剂对黄铜矿和黄铁矿可浮性的影响 [J]. 金属矿山, 2009 (6): 69-72.

[77] 魏明安. 黄铜矿和方铅矿浮选分离的基础研究 [D]. 沈阳: 东北大学, 2008.

[78] Sun W, Liu R Q, Cao X F. Flotation separation of marmatite from pyrrhotite using DMPS as depressant [J]. Trans. Nonferrous Met. SOC. China, 2006 (16): 671-675.

[79] G. A. 霍普. 2-巯基苯并噻唑、异丙基黄药和丁基乙氧基羰基硫脲在矿物表面上吸附的金的强化电化学光谱研究 [J]. 国外金属矿选矿, 2008 (1): 40-44.

[80] 邱廷省, 方夕辉, 罗仙平. 无机组合抑制剂对黄铁矿浮选行为及机理研究 [J]. 南方冶金学院学报, 2000, 21 (2): 95-98.

[81] 周方良. 凡口铅锌矿磨矿过程对矿浆电位影响的研究 [D]. 长沙: 中南工业大学, 1990.

[82] 顾帼华. 硫化矿磨矿-浮选体系中的氧化-还原反应与原生电位浮选 [M]. 北京: 高等教育出版社, 2005.

[83] 戴晶平. 凡口铅锌矿硫化矿物的浮选电化学与电位调控浮选研究 [D]. 长沙: 中南大学, 2002.

[84] Rey M, Formanek V. Proc. 5th Int. Min. Proc. Congr. [C]. London: Inst. Mining and Met. , 1960.

[85] Rao S R, Moon K S, Leja J. Flotation: A. M. Gaudin Memorial Volume [M]. New York: American Institute of Mining, 1976.

[86] Harris P J. Reagents in Mineral Technology [M]. New York: Marcel Dekker, 1988.

[87] Nakazawa H, Iwasaki I. Effect of pyrite-pyrrhotite contact on their floatabilities [J]. Minerals and Metallurgical Processing, 1985, 2 (11): 206-211.

[88] Cheng X, Iwasaki I. Electrochemical study of multielectrode systems and their relevance to the differential flotation of complex sulfide ores [J]. Minerals and Metallurgical Processing, 1999, 16 (1): 69-71.

[89] Nakazawa H, Iwasaki I. Galvanic contact between nickel arsenide and pyrrlotite and its effects on flotation [J]. Inter. J. Miner. Process., 1986, 18: 203-215.

[90] Nakazawa H, Iwasaki I. Effects of pyrite-pryylotite contact on their floatabilities [J]. Minerals & Metallurgical Processing, 1985, 2 (4): 206-211.

[91] Yelloji Rao M K, Natarajan K A. Electrochemical effects of mineral-mineral interaction on the flotation of chalcopyrite and sphalerite [J]. Inter. J. Miner. Process., 1989b, 27: 279-293.

[92] Yelloji Rao M K, Natarajan K A. Effect of galvanic interaction between grinding media and minerals on sphalerite flotation [J]. Inter. J. Miner. Process., 1989c, 27 (1-2): 95-109.

[93] Yelloji Rao M K, Natarajan K A. Effect of electrochemical interactions among sulphide minerals and grinding medium on the flotation of sphalerite and galena [J]. Inter. J. Miner. Process., 1990, 29: 175-194.

[94] Fuerstenau M C. Flotation: A. M. Gaudin Memorial Volume [M]. New York: American Institute of Mining, 1976.

[95] 冯其明. 硫化矿浮选矿浆电化学理论及工艺研究 [D]. 长沙: 中南工业大学, 1990.

[96] 欧乐明. 硫化矿浮选电化学技术工程化存在的问题及发展前景 [J]. 国外金属矿选矿, 2003 (4): 9-23.

[97] Woods R. Electrochemical potential controlling flotation [J]. International Journal of Mineral Processing, 2003, 72 (1-4): 51-62.

[98] 孙水裕, 宋卫峰, 王淀佐. 硫化矿电位调控浮选研究现状与前景 [J]. 西部探矿工程, 1997, 9 (3): 1-4.

[99] 闫明涛, 官长平, 刘柏壮. 四川某高硫铜铅锌硫化矿选矿试验研究 [J].

四川有色金属, 2012 (6): 22-26.

[100] 汤玉和, 汪泰, 胡真. 铜硫浮选分离药剂的研究现状 [J]. 材料研究与应用, 2012, 6 (2): 100-103.

[101] 焦芬, 覃文庆, 何名飞, 等. 捕收剂 Mac-10 浮选铜硫矿石的试验研究 [J]. 矿冶工程, 2009, 29 (3): 48-50.

[102] 罗时军, Mac-12 新型捕收剂提高铜金钼回收率的试验研究 [J]. 稀有金属, 2008, 32 (2): 230-233.

[103] Aloson F N, Trevino T P. Pulp potential control in flotation [J]. The Metallurgical Quarterly, 2002, 41: 391-398.

[104] 吴伯增. 大厂贫锡多金属硫化矿选矿关键技术研究与应用 [D]. 长沙: 中南大学, 2005.

[105] Garrels R M, Christ C L. Solution, Minerals and Equilibria [M]. New York: Jones and Bartlett, 1965.

[106] Vanghan D J, Craig J R. Mineral Chemistry of Metal sulphides [M]. London: Cambridge University Press, 1978.

[107] Taki G, Cahit H. Electrochemical behaviour of chalcopyrite in the absence and presence of dithiophosphate [J]. Int. J. Miner. Process. , 2005, 75: 217- 228.

[108] 张麟. 铜录山铜矿浮选基础研究与应用 [D]. 长沙: 中南大学, 2008.

[109] 余润兰. 铅锑铁锌硫化矿浮选电化学基础理论研究 [D]. 长沙: 中南大学, 2004.

[110] 查全性. 电极过程动力学 [M]. 北京: 科学出版社, 1976.

[111] Lazaro I, Nicol M J. A rotating ring-disk study of the initial stages of the anodic dissolution of chalcopyrite in acidic solutions [J]. J. Appl. Electrochem. , 2006, 36: 425-428.

[112] 霍明春, 贾瑞强. 硫化矿电化学浮选研究现状及进展 [J]. 云南冶金, 2010, 39 (1): 30-35.

[113] 覃文庆, 姚国成, 顾帼华, 等. 硫化矿物的浮选电化学与浮选行为

[J]. 中国有色金属学报, 2011, 21 (10): 2669-2677.

[114] 孙小俊, 顾帼华, 李建华, 等. 捕收剂 CSU31 对黄铜矿和黄铁矿浮选的选择性作用 [J]. 中南大学学报 (自然科学版), 2010, 41 (2): 406-410.

[115] 黎全, 邱冠周, 覃文庆. DDTC 体系中黄铁矿电极过程动力学的研究 [J]. 矿冶工程, 2011 (6): 30-33.

[116] 刘三军, 覃文庆, 孙伟, 等. 黄铁矿表面黄药氧化还原反应的电极过程动力学 [J]. 中国有色金属学报, 2013, 23 (4): 1114-1118.

[117] 汪锋, 黄红军, 孙伟, 等. 不同含铜炉渣选矿对比试验研究 [J]. 有色金属 (选矿部分), 2013 (6): 60-63.

[118] 包迎春, 代淑娟. 某铜炉渣中铜的浮选回收试验研究 [J]. 有色矿冶, 2012, 28 (3): 24-26, 30.

[119] 冯其明, 陈荩. 硫化矿物浮选电化学 [M]. 长沙: 中南工业大学出版社, 1992.

[120] 会理锌矿编. 会理锌矿志 (1702-1985), 1988.

[121] 高新章, 李凤楼, 师建忠, 等. 会理锌矿铅锌分离研究 [J]. 有色金属: 选矿部分, 1995 (4): 1-5, 18.

[122] 罗洪涛. 会理锌矿铅锌分离现状及发展方向 [J]. 云南冶金, 1999, 28 (5): 10-13, 22.

[123] 罗仙平, 邱廷省, 严志明, 等. 会理锌矿铅锌浮选分离新工艺研究 [J]. 有色金属: 选矿部分, 2002 (3): 1-4.

[124] 罗仙平, 王淀佐, 孙体昌. 会理难选铅锌矿石电位调控抑锌浮铅优先浮选新工艺 [J]. 有色金属, 2006, 58 (3): 94-98.

[125] 罗仙平, 程琍琍, 胡敏, 等. 安徽新桥铅锌矿石电位调控浮选工艺研究 [J]. 金属矿山, 2008 (2): 61-65.

[126] 罗仙平, 邱廷省. 提高会理锌矿铅锌选矿指标的研究与实践 [C]. //2003年全国矿产资源高效开发和固体废物处理处置技术交流会论文集. 昆明, 2003: 181-184.

［127］罗仙平，王淀佐，孙体昌，等. 难选铅锌矿石清洁选矿新工艺小型试验研究［J］. 江西理工大学学报，2006，27（4）：4-7.

［128］罗仙平，付丹，吕中海，等. 捕收剂在硫化矿物表面吸附机理的研究进展［J］. 江西理工大学学报，2009（5）：5-9，28.

［129］罗仙平，王淀佐，孙体昌，等. 某铜铅锌多金属硫化矿电位调控浮选试验研究［J］. 金属矿山，2006（6）：30-34.

［130］罗仙平，王淀佐，孙体昌. 会理难选铅锌矿石电位调控抑锌浮铅优先浮选新工艺［J］. 有色金属，2006，58（3）：94-98.

［131］罗仙平，程琍琍，胡敏，等. 安徽新桥铅锌矿石电位调控浮选工艺研究［J］. 金属矿山，2008（2）：61-65.

［132］罗仙平，付中元，陈华强，等. 会理铜铅锌多金属硫化矿浮选新工艺研究［J］. 金属矿山，2008（8）：45-51.

［133］罗仙平，康建雄，周跃，等. 会理铜铅锌硫化矿电位调控优先浮选新工艺［C］. //全国金属矿山采矿专题、选矿专题学术研讨与技术交流会论文集. 马鞍山：金属矿山，2008：188-191.

［134］罗仙平，陈华强，严志明，等. 从会理锌矿铅锌矿石中分选铜的试验研究［J］. 江西理工大学学报，2008（5）：5-11.

［135］罗仙平，付丹，陈华强，等. 会理铜铅锌多金属硫化矿电位调控优先浮选浮选新工艺［C］. //有色金属工业科技创新：中国有色金属学会第七届学术年会论文集［M］. 北京：冶金工业出版社，2008：158-165.

［136］罗仙平. 难选铅锌硫化矿电位调控浮选机理与应用［M］. 北京：冶金工业出版社，2010.

［137］Li-li Cheng, Ti-chang Sun, Xian-ping Luo, et al. Kinetics of the electro-chemical process of galena electrodes in the diethyldithiocarbamate Solution［J］. International Journal of Mineerals, Metallurgy and Materials. 2010, 17（6）：669-674.

［138］李文辉，王奉水，高伟，等. 新疆某低品位铜铅锌矿优先浮选试验研

究 ［J］. 有色金属：选矿部分, 2011（1）：14-18.

［139］李文辉, 牛埃生, 高伟, 等. 新疆某低品位铜铅锌矿工艺技术改造和生产实践 ［J］. 有色金属：选矿部分, 2010（3）：9-12.

［140］程琍琍, 罗仙平, 孙体昌, 等. 某铜铅锌硫化矿电位调控优先浮选研究 ［J］. 中国矿业, 2011（6）：88-92, 100.

［141］罗仙平, 王笑蕾, 罗礼英, 等. 七宝山铜铅锌多金属硫化矿浮选新工艺研究 ［J］. 金属矿山, 2012（4）：68-73.

［142］罗仙平, 张建超, 钱有军, 等. 南京铅锌银矿铅精矿中铜的浮选分离试验 ［J］. 金属矿山, 2012（6）：75-78.

［143］罗仙平, 高莉, 马鹏飞, 等. 安徽某铜铅锌多金属硫化矿选矿工艺研究 ［J］. 有色金属：选矿部分, 2014（5）：11-16, 34.